草木スケッチ帳

II

文・絵
柿原申人
Kakihara Nobuto

東方出版

草木とセッ[illegible]魂

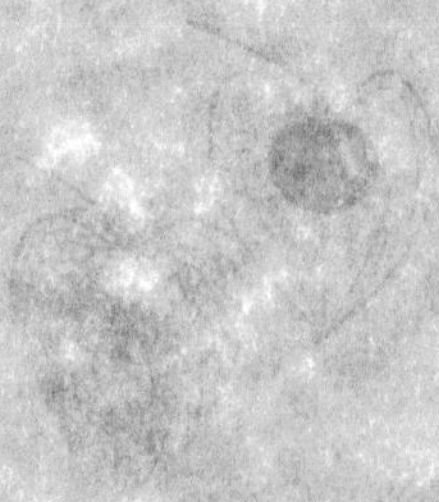

[illegible]申人 著

名によせて

子どもの遊びによせて

年中行事によせて

ウラシマソウ

自然観察と保全によせて

オキナグサ

まえがき

産経新聞に連載中の「草木スケッチ帳」の約二年分をまとめて、『草木スケッチ帳』として出版してから四年たった。本当はその後二年ごとにまとめて出す予定であったが、生来のなまけぐせのため、こんなに遅くなってしまった。

ただし理由はそれだけではなく、新聞執筆の私のスタンスが変化してきたこともある。

ただ草木が好きで、それを見て歩き描いているだけでは、すまなくなってきたからだ。

その最大の原因は自然破壊の進行である。バブル経済が崩壊し、一見自然破壊がおさまったように見えるが、ゴルフ場やスキー場など民間によるものが減っただけで、公共工事による破壊は今も続いている。そしてレッドデータブックに載せられる草木の種類は、着実に増えている。ただペースがバブル時代ほどは狂乱的ではなくなっただけである。

そのことは、この数年間フィールドに出るたびに実感させられてきた。

『草木スケッチ帳』で描いた草木たちも、いくつかはすでに消えてしまった。

セツブンソウの生息地は材木置場になり、ハルリンドウは圃場整備によって消えた。カザグルマのように採集で消えたと思われるものもある。

新聞連載は、日本の草木を知り愛着をもってもらいたいということではじめた。自然保護などと言っても、具体的な自然への愛着なくしては、観念になってしまうと思ったからだ。

だが今では、ただ草木への愛を語るだけでは、結果的には自然破壊の勧めになりかねないほど、この国の自然破壊は進みつつある。

数年前から、テレビ局の扇動もあって起きた中高年の登山ブームも、各地の山でオーバーユースとなって自然破壊の問題を起こしている。これもただ山歩きの楽しさだけを語るだけで、苦いことに触れずにいたからだろう。

楽しい話と苦い話、それをどう共存させるか。そう考えると、左右にぶれてしまう。それに「山林の楽を談ずるものは未だ必ずしも真に山林の楽しみを得ず」(『菜根譚』)の想いにも、ついからるからである。草木のことを語るより、草木を見ていたほうが楽しい。

そのために執筆が遅くなり、本にまとめる時間が取れなくなったというわけだ。ただし、遅れたための利点もなくはない。

四年間以上の量がまとまったため、主題ごとに章をたてることが可能になったことだ。そのため少しは系統的に話題を提供することができたと思う。そこで主題によっては新聞連載の倍ほどの量の筆を加えた。

草木スケッチ帳 Ⅱ

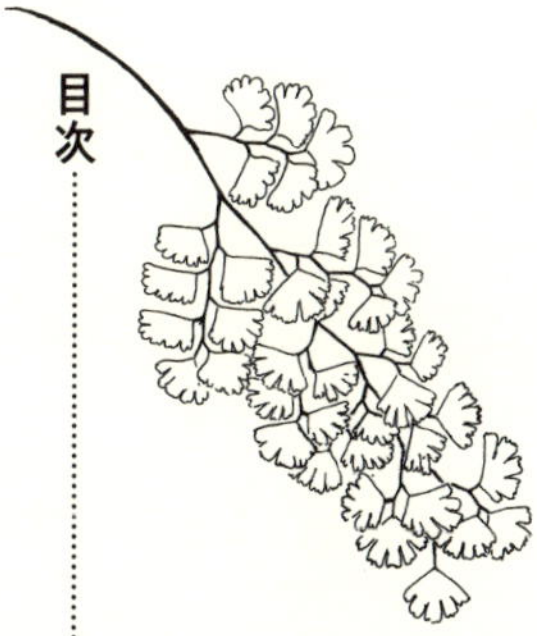

目次

まえがき

名によせて

子どもの遊びによせて

年中行事によせて

自然観察と保全によせて

装丁・レイアウト　濱崎実幸

草木スケッチ帳 Ⅱ

名によせて

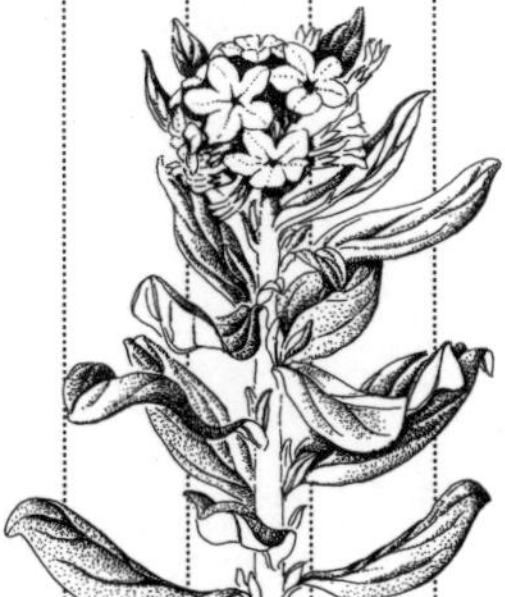

クリンソウ

四、五輪だけでも九輪草

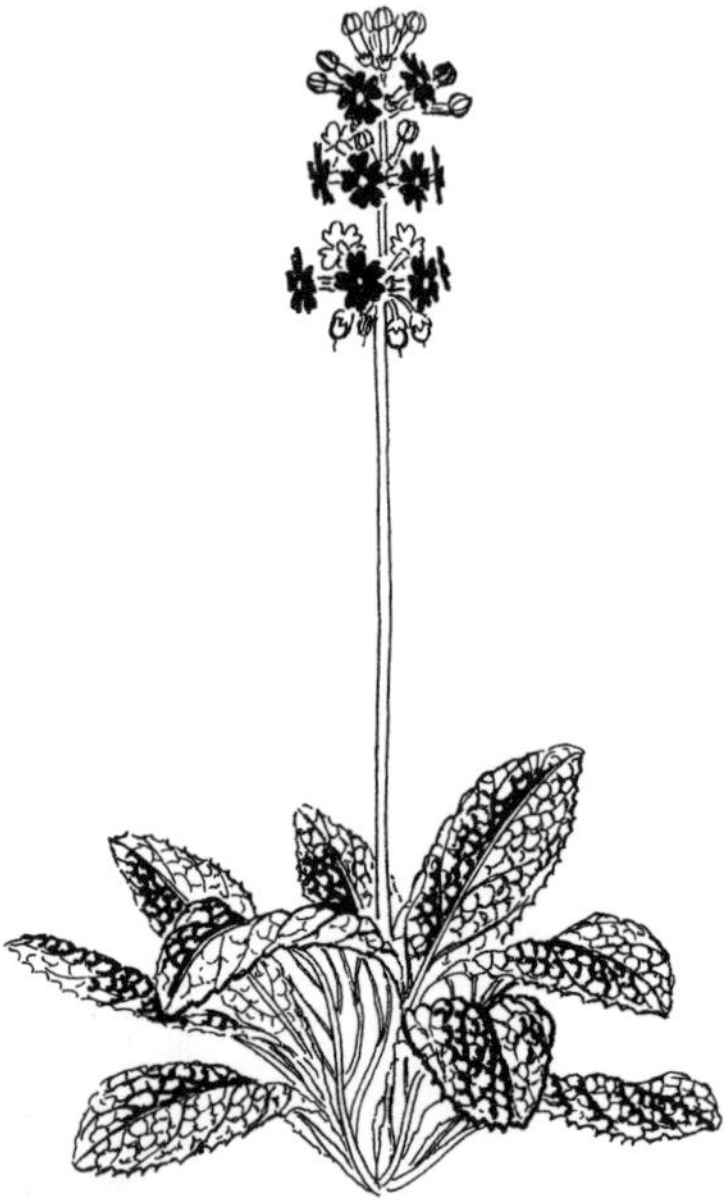

クリンソウ　サクラソウ科、サクラソウ属の多年草。分布は北海道、本州、四国。花期は四～五月、花色は紅紫色。花色の変化した園芸品種もあり、欧米ではわりと栽培されている。秋に熟す種子をまけば確実に生えるので、自生では元本たる親株には手を着けないのが、花好きの仁義。

観察会で高野山を訪れたら、奥の院のはずれに植栽されたクリンソウの花が咲いていた。日本のサクラソウ属では最大で、花茎はときに一メートル近くにもなる。

「名は、先端に何段にも咲く姿を塔の九輪に見立てたものとされています」と説明したら、すかさず「五段だけやからゴリンソウやな」と誰かが言った。

それを聞いて、一茶の『おらが春』に似た句があったのを思い出した。

帰って調べると、「九輪草四五りん草で仕廻けり」とあった。さらに一茶はこうも書いていた。

一茶の住む黒姫山のふもとは「雪は夏消えて、霜は秋降る」ように気候が厳しい。だから気候の温暖なところから移植すると「ことごとく変じざるはなかりけり」と。でもこれは名にとらわれた一茶の誤解である。自生でも四〜五段が多く、ナナエグサ（七重草）とかシチカイソウ（七階草）なんて別名もある。

つまりクリンソウの場合は九輪という数ではなく、塔のてっぺんにある九輪の姿の見立てである。その点で、春咲きのアネモネの仲間のイチリン（一輪）ソウやニリンソウやサンリンソウとは由来が異なる。これらは実際の花数からきている。同様にこの仲間のアズマイチゲやキクザキイチゲの一華も、花を一輪だけつけるのに由来する。ただしハクサンイチゲは花が多いのにイチゲの名がある。これはイチゲの仲間だというので二次的に付けられたものだろう。

植物名には数の付いたものがわりとあるが、それらも実際に花や葉の数を表したものと、クリンソウのような見立てによるものとがある。

前者はヒトツバ、ミツバ、ミツマタ、フタバアオイ、ゴヨウマツ、ミツバアケビ、ゴヨウアケビ、ミツバツツジ、ゴヨウツツジ（シロヤシオ）、ミツバオウレン、ゴヨウオウレン（バイカオウレン）、ヨツバシオガマ、ヨツバヒヨドリ、ヒトリシズカ、フタリシズカなど。

これらの場合は種類を見分けるよい手がかりとなる。ただし植物には個体変異が多い。フタリシズカも花穂が三本ときに四本に分かれるのもよく見られる。またヨツバヒヨドリの葉も五、六枚や三枚というのが、けっこう出てくる。

しかしヤエムグラやヤツデは、八が多数という意味をもつのに由来する。同様にセンナリビョウタンなども数が多いという意味である。

　クリンソウは山地の川の流れの周辺、とくに流れがゆるやかになって砂がたまるようなところに生育し、条件のよいところではしばしば群生する。

　これは種子の散布が果実が割れてただ落ちるのによるからである。また種子を鉢にまいてみると、発芽率もよく成長も早い。だから栽培ではよく殖える。

　しかし、他の生育地への拡大は種子が川の流れで運ばれていくのによる。流された種子は砂地にのりあげると、発芽して定着する。でも川の流れは絶えず変わる。そこで毎年大量の種子を生産し散布していなければならない。だけど種子が岸に押し上げられる確率はきわめて低い。つまり生育する力は強いが、微妙なバランスのうえに生きているというわけだ。

　それでも一九六〇年代には、近畿の各地の山でよく見かけ、高野山でもあちこちに生えていた。しかし最近は、とんと見かけなくなった。

　原因は自然林の伐採が進むことで、川の流れが変わり、流量の増減が大きくなったことにある。さらに河川改修で川岸のコンクリート張りが増えたのも大きい。

　つまり定着すべき河川の砂地が減ってしまい、クリンソウの成長速度や種子の生産量を越えて流れが変化するようになったからである。

　今では、九輪が四輪五輪で「仕廻いけり」というよりも、クリンソウそのものが「仕廻いけり」になりつつある。

ヒュウガミズキ

日向はどこからきたの?

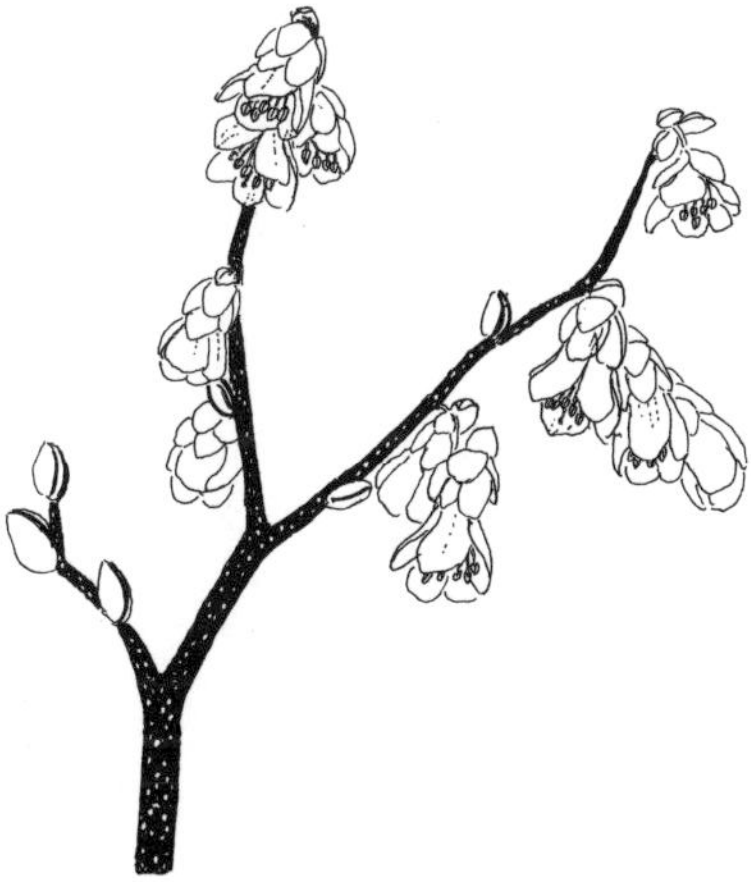

ヒュウガミズキ　マンサク科、トサミズキ属の落葉低木。花期は四月、葉に先だって咲き、トサミズキとのちがいは、トサの花が花序に三～十個つき、葯《やく》が暗赤色なのに対し、花は一～三個で、葯も黄色。高さも二メートル程度にとどまる。

早春、鬼退治で有名な京都北部の大江山の麓を走っていたら、濃緑色の蛇紋《じゃもん》岩の崖があった。車を停めたら、視線の先に黄色い花。こけつまろびつ近寄れば、それはヒュウガミズキだった。庭木では見ていたが、自生は初めてなので感激した。

このヒュウガミズキ、たいていの本には日向水木と書かれている。

ところがこれはどうも根拠のない当て字らしい。

まずは水木。ミズキ科のミズキの場合は、春に切ると吹き出してくるほど樹液が多いのによる。

ところがマンサク科のミズキは何に由来するのかはっきりしないのだという。

ついで日向。これまた由来がよくわからない。

植物名には地名を冠したものが多いが、その由来はさまざまで植物ごとに異なる。

一番多いのは発見された場所に因むもの。このタイプで多いのは高山植物。ハクサンやシロウマやコマガタケやキタダケやイブキなどの名が冠されているものが多い。

次いで多いのは、特産または特産と思われて命名されたものであるが、有名産地に因んでというのもわりとある。

ヒュウガミズキの仲間も、みな地名を冠した名が付けられている。

まずは庭木でも知られるトサ（土佐）ミズキ、これは高知県の蛇紋岩地帯の特産であるため。

キリシマ（霧島）ミズキは九州の霧島山地以外にも高知・愛媛の一部に分布するが、霧島の特産と考えられたため。

コウヤ（高野）ミズキは山梨県西部・長野県南東部と愛知県以西から近畿、中国地方と四国とわりと広く分布するが、最初に見つかった場所に因むという。ただし同じくミズキの名がついてはいるが、クマノ（熊野）ミズキの場合はミズキ科の高木で全く異なる。

ところがヒュウガミズキの分布地域は、石川・福井・京都・兵庫県の日本海側の蛇紋岩地帯。シーボルトの『日本植物誌』に「岩ハゼ」の名で登場するのも、丹波産とある。

日向と大江山では、小式部の歌ではないが、あまりにも「いくのの道の遠ければ」である。

そこで牧野富太郎は、トサミズキより小さい意味のヒメミズキから転じたか？と書いているが、これもあまり説得性はない。

また丹波は明智日向守光秀の領地であったためそれに因んで、なんてうがった説もあるが、洒落てはいるが、これもさほど説得性があるとも思えない。

ところで園芸では、日本産のノアザミの園芸種にドイツアザミなんて名を付けている。つまり売らんがために勝手な地名を付けることが、多々あるということだ。

その典型はアッツザクラ。アッツはアリューシャン列島の大東亜戦争中の玉砕で有名な島。それとは全く関係のない南アフリカ原産のロドヒポキシスに、そんな名が付けられている。

この名を誰がつけたのかは不明だそうだが、手口としてはうまい。今ではアッツ島の名になじみはないが、戦争を知る世代にはメジャーな地名であった。しかも実際に誰も訪れることのできない場所として、神秘性につつまれている。それが利用されたわけだ。

ひょっとしたらヒュウガミズキも、これと同じ手口かもしれない。

別名に伊予ミズキというのがあるのもなんとなく怪しい。

まず土佐ミズキと対比し伊予と名付けられたが、海は荒海向こうは日向灘、いっそそのほうが売れるのでは、という発想で付けられたのではなかろうか。

もっともヒュウガミズキの産地たる大江山は芥川龍之助の小説『薮《やぶ》の中』の舞台。てなわけでこの真相も、今となっては永遠に薮の中ではある。

シロウマオウギ
地名漢字表記のみだりごと

シロウマオウギ　マメ科、ゲンゲ属の多年草。日本固有種で分布は本州中部の高山。オウギは漢名の黄耆に由来し、中国ではこの属の数種を黄耆と呼び、薬草に用いていられるため。花期は七〜八月、鮮やかな白で美しい。

花の写真展の会場で、「白馬オウギ」と付けられたキャプションを「ハクバオウギ」と読んだ人がいたのには驚いた。

この白馬はシロウマ岳のこと。頂上付近の雪渓の形が馬の形になるのを、山麓の人々が田の代かき開始の合図にしたのが名の由来とされる。だから以前は代馬岳とも書かれていた。

やまと言葉の「しろ」は、もとは著しく目立つという意味だとされている。おそらくシロウマのシロにもその意味が含まれているのだろう。それに白い馬は「あをうまのせちゑ」を白馬節会と書くように、昔はアオウマと呼ばれていた。

ともかく白馬も代馬も、やまと言葉のシロウマを漢字表記したにすぎない。

地名の漢字表記については、江戸末期の偉大な旅行家菅江真澄も、「水の面影」（『菅江真澄随筆集』所載、平凡社東洋文庫）に、秋田県の勝平山《かつひらやま》について、こう書いている。

勝平をショウヘイと読み、有名な大平山と並べ小平山と「からぶみに作れど」、それは「仮字たがひなむ、みだりごと也」と。

さて、シロウマオウギはこの山で発見されたのに因むのであるが、私がその呼び名にこだわるのは、こんな個人的な理由もある。

三十年前初めて登ったとき、シロウマアサツキ、シロウマナズナなどシロウマのつく植物の写真を撮るのを目標にした。ところが当時、よく似たイワオウギやタイツリオウギとの区別があいまいで、白馬大池の小屋の人に教えてもらい、さらに一泊したからである。

ところで現在、生物名はカナ表記にすることになっている。これは「からぶみ」表記すると、この種の「みだりごと」が、しばしば起こるからである。

ハクバのオウギ様では、まるでやすもん（安物）の少女漫画だ。ただしカナ表記だけだと、意味がとりにくいことも事実である。意味が判らねば呪文になる。そこで確かに形容部分とわかる場合は、シロウマ・オウギのように表記に工夫をしたらどうだろう。

確かにそういう点では、日本の学者たちは消費者無視の傾向が強い。国民の草木への関心を呼び起こす回路としてネーミングの力も大きいというのに。

シラカシ

材の色から

シラカシ　ブナ科、コナラ属の常緑高木。分布は本州中部以南、済州島、中国大陸中南部。葉の裏面は帯白緑色を帯びるが、ウラジロガシほどは白くはない。どんぐりは開花した年に成熟。関東以西ではアラカシとともに街路樹にもよく使われている。

アカマツとクロマツ、クロモジとシロモジとアオモジ、アカシデとシロシデ（イヌシデの別名）など色を対比させた植物名がいくつかある。

ただしそれらが何の色に由来するのかは、それぞれ異なる。

マツ類やクロモジ類は樹皮の色、シデ類は新芽の色に由来するとされる。

でもシラカシの場合は外から見てもわからない。材の色に由来するからだ。

なのに『枕草子』は雪が降ったようで「いみじくあはれ」と書いている。これは万葉集の「あしひきの山路も知らず　白橿《しらかし》の枝もとををに　雪の降れれば」をふまえたものとされているが、白カシという言葉から頭で想像した勇み足である。

なお別名にはクロガシというもあるが、こちらは外からも見える。樹皮の名に由来するからだ。

ではなぜ材の色から命名されたのだろう。それはカシ類が有用材だからである。

カシ類は関東以西の縄文遺跡から出土する石斧の柄で最も多く使われている。弥生時代の農具にも多く使われ、静岡県の登呂遺跡出土の農具もほとんどアカガシ製だという。このアカガシも材の色に由来する。と言うより、白と赤は対比して付けられたのだろう。

堅いカシ類を石器で加工するのは難しい。にもかかわらず使われたのは必然性があったからだ。

道具に使われる材は生産性や安全性と直結している。今もシラカシはノミの柄の最高の素材とされ、カンナの台やスコップなどの土木工具の柄に使われる。ただし水につかると弱い。そこで船のかいや櫓や舵など水につかる道具にはアカガシが使われる。

つまり白か赤かは、「いみじくあはれ」という美学上の問題ではないわけだ。

もっとも現在の私たちの生活も、道具としての木とのかかわりという点では、宮廷消費生活者の清少納言とさほど変わらない。だから観察会で名の由来を説明しても、生産・生活の場から生まれた名はなかなか理解されにくい。

でもたまには、こんなこともある。ある観察会で織物が趣味という人がいたので、「横糸を通すシャットル（梭）もカシ類が多いですよ」と言ったら、すぐうなずいた。

身体で覚えた知識は理解が早い。

コウスノキ

臼か桶か

コウスノキ（カクミノスノキ）　ツツジ科、スノキ属の落葉低木。分布は本州の岩手県～近畿地方の太平洋側と四国東南部。林縁や日当りのよい岩地に生育。ブルーベリーの仲間で、同属のスノキ、シャシャンボ、ナツハゼ、クロマメノキなども食べられる。花期は四～五月、花はつぼ形で、黄緑色で赤みを帯びる。

新聞連載中、読者の方から手紙をもらった。内容は「オケソコと呼んでいた、子供時代に食べていた赤い実のつく低木の名を教えてください」というもの。そしてその木の楽しいスケッチも添えられていた。電話で詳細を聞いてみると、どうもそれはツツジ科のコウスノキ別名カクミノスノキらしい。

コウスノキは「小臼の木」。母種のウスノキに対して葉が小さい変種の意味で、臼の木は果実の先が凹形にへこんだのを臼に見立てた名。カクミノスノキはスノキの仲間で実が角ばっているという意味。スノキは「酢の木」で、葉に酸味があるのに由来する。

この臼は丸太をくりぬいた臼である。でも、この種の生活＝生産用具に由来する名は、実物を知らない人には説明しにくい。しかもそれが今では多数派になりつつある。でも逆に言えば、植物名を知ることは、そういうものを知るよい機会にもなる。

調べたら、岡山県にウスノミ、静岡県にウスイチゴ、和歌山県にはマスイチゴなどの名もあった。「オケソコ」はその人の出身地滋賀県の永源寺周辺の言葉だそうだが、意味は桶底だろう。

その人は俳句を作られていて、懐かしい「オケソコ」を詠み込みたいのだが、標準和名がわからなくて調べていたということだった。

現在の図鑑では、方言を積極的に載せたものはない。だけど自然への関心は幼少時代に得たものが大きく、しかもそれは母語によって頭と心に刻まれている。なお母語とは母国語のような政治的規定ではなく、人がまず言語を習得した最初の言葉のことで、ドイツでは「母の舌」とも呼ばれているという。

図鑑は読者に自然の知識を与えるとともに、自然への関心を呼び起こす回路でもある。オケソコの名が載っていれば、それを母語とする人たちも自然へと、いざなえる。

確かに方言の調査など分類学の専門家の仕事ではない。だが図鑑は市民向けの啓蒙書でもある。その市民の関心こそが日本の自然を守る力である。それがいかに非力であろうと。

私は植物名の方言などを知ったら、図鑑に鉛筆で書き込んでいくことにしている。もちろん早速オケソコも書き込んだ。

ウメバチソウ

家紋から

ウメバチソウ　ユキノシタ科、ウメバチソウ属の多年草。分布は北海道〜九州、台湾、東アジア北部、千島、樺太。山地の日当りのよい湿地や湿った草原に群生する。花期は高地では八月、低地では十一月初旬。花弁は少しクリームを含んだ白色で五枚、葉はハート形。

名は家紋の梅鉢紋に由来する。もっとも今では外国ブランドのロゴは知っていても、家紋の名は知らないという人が増えているらしい。

かく言う私も、梅鉢紋については、家業が紋師の作家泡坂妻夫さんの『家紋の話』（新潮選書）を読むまで、大阪道頓堀二つ井戸の〝津の清〟の岩おこしのマーク程度の知識しかなかった。

ところが梅鉢の本来の意味は梅撥で、「中心の花芯が三味線の撥の形をしているから」とあった。それを読み、梅鉢の名がまさにウメバチソウの花にどんぴしゃりの命名だと気が付いた。この花の最大の特徴も、その花芯の仮雄しべにあるからだ。

仮雄しべ（仮雄ずい、仮生雄しべ）とは花粉を作らなくなった雄しべのことであるが、ウメバチソウのそれは形が一見多数の雄しべが集まったように変化している。

この花は蜜を出さない。だから訪れる昆虫は花粉が目的。そこで仮雄しべが雄しべのフェイク（模造品）として、昆虫を誘う役目をはたしているのだそうである。確かにその効果はありそうだ。だって人間様もそれに注目し、梅鉢草なんて名をつけている。

日本の植物名には家紋に由来するものがわりとある。

家紋の起源は平安時代の貴族に始まり、広がったのは平家の揚羽紋や村上源氏の笹竜胆などの武家社会の成立以後だとされている。

そしてさらに江戸時代になると、農民や町人階級にまで広がっていった。そこで家紋見立ての植物名が多く生まれたわけである。

花では、タツナミ（立浪）ソウ、ハナビシ（花菱）ソウ、カラハナ（唐花）ソウ、トモエ（巴）ソウ。葉では、ミツガシワ（三柏）、カラマツ（唐松）、スハマ（州浜）ソウ、キクガラクサ（菊唐草）、キッコウハグマ（亀甲）などがある。

日本人がシャネルやヴィトンなどのロゴ付きのブランドが好きなのも、そんな家紋文化の名残なのかもしれない。ともあれ家紋は浮世絵と同じく世界に冠たる日本の民衆文化。デザイン的にも優れたものも多い。新しい目で見直してはどうだろう。

その手始めに、紋帳片手に家紋に由来する名の植物の見て歩き、なんてのも洒落ている。

チョウジタデ

名の生まれる場

チョウジタデ　アカバナ科の一年草。分布は北海道〜琉球。湿地や水田に生え、水田雑草として嫌われ農薬で激減したが、最近放棄水田の増加で再びよく見かけるようになった。花期は八〜十月。花弁は小さく黄色。果実は円柱形で四稜ある。

名については、葉がタデに似て、長い子房のついた花やつぼみがスパイスの丁字（クローブ）の形に似るから、とたいていの本には書かれている。

丁字は熱帯産のフトモモ属のチョウジの花のつぼみを乾燥したもので、丁字の名もその形を丁の字に見立てたもの。クローブもフランス語のクロウ（釘）に由来するとされている。

観察会でそんな説明をしたら、「丁字て何?」と返ってきた。そう言えば、今でも実際の丁字を知る人はそう多くはない。なのに植物名にはチョウジギク、チョウジソウ、アキチョウジなどチョウジのついた名がわりとある。どうも先の説との間には落差があるようだ。

丁字はマラッカ諸島の特産で、古来香料として世界中で珍重されてきた。日本でも古くから輸入されていて、『今昔物語』にもこんな話が載っている。

平中という男が恋焦がれた姫君への思いを断ち切ろうと、その姫が使用したおまるを運ぶ下女から奪って中を見る。するとおまるから「丁字の香り」が立ち昇ってきた。開けたら丁字の煮汁が入っていた。それを知りさらに思いがつのり、ついには恋焦がれ死んだ、と。

この話は、丁字がいかに高級舶来品だったかということを示している。だけどこれではかえって、ありふれた水田雑草のチョウジタデとは結び付かない。

ところがそんな丁字も、江戸時代にはぐっと大衆的になる。これは最初ポルトガルに占領されていたマラッカ諸島がオランダに占領され、日蘭貿易の交易品になったからである。

当時最も使用されたのは髪のびんつけ油の香料としてで、遊里からはじまり、都市を中心に広がったとされている。その点で丁字は今より民衆的であったわけだが、それでも原料の丁字を直接見ていたのは、薬屋や香油の生産者だけだろう。

植物名のチョウジと丁字を結ぶ直接の環は、もっと民衆的なものにちがいない。そう考えたら、頭に浮かんだのは家紋の丁字。きっとこれだと思った。

ところがある時、漱石の『夢十夜』を読んでいたら、「燈心を掻き立てたとき、花のような丁字がぱたりと…落ちた」とあった。この丁字は丁字頭《がしら》とも言い、灯心の頭にできた固まりを丁字に見立てた名。おそらく水田雑草のチョウジタデとクロスするのは、このあたりだろう。

ハンカイソウ

豪傑の名に由来

ハンカイソウ キク科、メタカラコウ属の大型の多年草。分布は静岡県以西の本州、四国、九州。中国、台湾。花期は六〜八月、花は黄色、大きいのは径一〇センチになる。新芽には白い毛が多く、若い葉柄はフキのようにして食べた。

ハンカイは『史記』の「鴻門の会」に登場する豪傑樊噲のこと。

この名は十八世紀の『大和本草』に登場し、十七世紀の本には張良草の名で出てくる。張良も「鴻門の会」に登場する豪傑。両方とも葉が荒々しい点に着目した名だとされている。でも庶民は『史記』など読めない。すると文人などが粋がってつけた名なのだろうか。

そこで図書館で調べてみた。すると室町時代から『蒙求《もうぎゅう》』という中国の著名な人物の言行を記した初学者用教科書が流布し、その中には樊噲のことも載っているとあった。

江戸時代中期以後の日本人の識字率は世界的にも最高水準。樊噲の名は庶民の口にも膾炙《かいしゃ》していた可能性はあったのだ。

さらに調べたら、能に『張良』という演目があり、上田秋成の『春雨物語』にも「樊噲」と題した作品があった。また近松の『国性爺《こくせんや》合戦』や『心中天の網島』にも「樊噲流は珍しからず」なんて文句が使われていた。

「芝居は無筆の目学問」と言う言葉がある。芝居は字も知らぬ庶民が教養を得る回路だという意味だが、無筆の庶民にも樊噲や張良の名を知る回路があったわけである。

残念ながら今ではそんな回路は失われてしまった。そのためハンカイソウやチョウリョウソウの名を聞いても、ぴんとくる人は完全な少数派となってしまった。

ところでこのハンカイソウ、分布地域は広いようだが、どこにでも自生するものではない。私も今まで数回しか出会ったことがない。

また江戸時代には栽培されていたとあるが、私は見たことがない。一度伊勢の農家の庭前で見たけれど、これはたぶん自生のものを庭に移し植えたものだろう。

ところが欧米では、昔日本から導入したものを、リグラリア・ジャポニカの名でわりと栽培しているようで、園芸カタログにも載っている。

そこで逆輸入しガーデニングに取り入れるなんてどうかしら。花を愛でて古典を知るなんてのも、洒落ている。それに、祖先が長年親しんできたものをないがしろにしては、あの世の樊噲が「怒髪天を衝く」かもね。

アツモリソウ

名のゆかしさの吉凶

花も名がゆかしいと人に好まれる。だがその吉凶は占いがたい。

例えばアツモリソウ。紅紫色の花が美しいため、山草ブームで採集され、今ではレッドデータブックに載せられている。とくにこの仲間の礼文島特産のレブンアツモリは絶滅寸前。法律で採集を禁じられ罰則規定もあり、シーズンには二四時間体制で監視されているという。

そして流行のバイオ技術で増殖も図られている。だけどこんなのは遺伝子構成の同じクローン。それがいくら増えても復元とはいえない。自然に戻して自然増殖で昔の姿に復元するには、これから何十年かかるか判らないとされている。

アツモリソウ ラン科、クマガイソウ属の多年草。分布は本州中部以北、北海道。さらに朝鮮、中国北部、カムチャッカ、シベリアの亜高山帯の草原、疎林に生える。花期は五～七月、色は淡紅色～紅紫色だが、ときに白色や淡黄色のものもあるという。

アツモリソウの名は一ノ谷の合戦で熊谷直実に討たれた若武者平敦盛《あつもり》に由来する。『平家物語』では、直実は討ちとった敦盛が錦の袋に入れた名笛「小枝《さえだ》」を身につけているのを見つけ、決戦の日の早暁に流れていた笛の主をさとり、「あないとおし、この暁《あかとき》城のうちにて管《かん》弦《げん》し給ひつるは、この人々にておはしけり」と言うて、落涙する。

この話はその後、能の『敦盛』さらには浄瑠璃の『一谷嫩《ふたば》軍記』の素材にもなる。そのため敦盛の名はわりに広く庶民の口にも膾炙《かいしゃ》していたらしい。

例えば平家の落人伝説があり、焼き畑が残っていたので有名な高知県の椿山の虫送りの行事でも、「あつもりが、あつもりが／武蔵の国のくまがいが／青葉の笛を、かけおいて」と歌われていたという。戦前、唱歌の『青葉の笛』が愛唱されたのも、そんな背景があったからなのだろう。

では、どうしてこのランが敦盛の名を得たのだろう。

調べてみたら、こんなことが書いてあった。この花がラン科に特有の唇弁が袋状にふくらみ大きいのを、矢を避けるために背中に負った母衣《ほろ》（中に竹かごを入れ、ふくらませ布袋）を着けた騎馬姿の敦盛に見立てたのだと。

ところが私は疑り深い。母衣についても調べてみた。すると母衣がその形態になったのは室町時代からで、それ以前は吹き流しのような形であったのだそうだ。

アツモリソウの名が文献に登場する最初は、十九世紀はじめの貝原益軒の『大和本草』だという。おそらく、文人などが江戸時代に描かれた武者絵などを見て、粋がって付けたのだろう。だからこの仲間にはクマガイソウ（熊谷草）という名の草もある。

他方、同じく唇弁に着目しながらも、全く別系統の名がある。

それは青森県のヘノコバナ、岩手県のキンタマバナ、長野県のキンタマソウやフグリバナやシシノフグリなどである。

これは柳田国男ふうに言えば「パンツ以前のこと」。そう言えば私の少年時代でも、縁台将棋の爺さんたちのふんどしの横から、それがはみ出していた。

ところで、『日本書紀』には小屎《くそ》、毛屎なんて妙な名が登場する。こんな名があるのは、古代には「くそ」には特別な威力があると考えられ、悪霊が子供に付くのを防ぐためなのだそうだ。

この観念はわりと後にまで残っていて、有名な楠正成の千早城でのくそ撒き攻撃なども、この観念が生きていたからこその戦術らしい。

よって菅原道真も紀貫之も、たらちねの母の胎内より生まれしときの幼名は「くそ」と申します、ということだったらしい。

もしもその伝でアツモリソウもキンタマバナの名であったなら、大阪の洒落言葉で言うたら「狼の金玉」すなわち「恐おうて触れん」と、あいなったかもしれない。

とすれば、「討たれし平家の公達《きんだち》あわれ」とはならず、『一谷嫩軍記』熊谷陣屋の段で、母の常盤《ときわ》御前に抱かれた幼児の自分を見逃してくれた弥《や》平兵《ひょうのひょう》衛《へ》宗清に、義経がかけた有名なせりふ「爺よ堅固であったか」のように、生きながらえ続けたかも。

チョウセンニンジン

江戸時代の日朝交易の柱

チョウセンニンジン ウコギ科、トチバニンジン属の多年草。分布は朝鮮半島、中国（東北）。日本で栽培の盛んなのは長野、島根、福島県など。花期は夏、茎の先端に花茎を伸ばし、緑白色の小さな花を集散花序に出す。これも線香花火のようでかわいい。

「高麗ニンジンの実がついたで、スケッチせえへん?」と、在日韓国人の友人から電話。早速出かけていったら、赤い実が線香花火のようについていた。

高麗ニンジンとはチョウセンニンジンのこと。これは万病に効く薬草として名高く、古来朝鮮産が最高級品とされ、朝鮮から中国への貢納品においても第一とされ、我が国も昔から輸入していて、正倉院の宝物にも残っているという。

ところで、人参とは本来これのことで、今の野菜のニンジンは渡来してきたとき、根が人参に似るとして命名されたものである。

今のニンジンの文献上で最も古いのは、十七世紀初めの『日葡《にっぽ》辞書』のニンジンの項に、「ある薬草」と並列して「野菜のニンジン」とあるものだそうである。ただし当初はセリニンジンや菜ニンジンまたは葉ニンジンと呼ばれていたという。それがいつの間にかセリや菜や葉が脱落して単にニンジンと呼ばれるようになり、本来の人参と混同されるようになったわけだ。

「朝鮮の妻や引くらむ葉人参」　宝井其角

江戸前期の句だが、すでに混同を起こしている。これがさらに進み、ついには母家まで奪ってしまったわけである。

「孝行の肉を人参にしてきざみ」　江戸川柳

娘が身売りし、親のためチュウセンニンジンを買ったという話。「人参飲んで首くくる」なんてことわざもある。人参の薬効への信頼も値も、いかに高かったかということだ。

ところで、私は小さい頃ニンジン嫌いでよく食べ残した。すると母が「ビタミンAが多いねんで」と強要した。今思えば、これも変形した人参信仰の名残りなのかもしれない。

そこでこの信仰を背景に、いろいろな草にニンジンの名がつけられた。チョウセンニンジンと同属のトチバニンジンは当然としても、白く太い根が人参に似るツリガネニンジンやツルニンジンなどである。ただしヤブニンジンやクソニンジンは、葉が今のセリ科のニンジンに似るのによる。

チョウセンと冠されたのは、古来朝鮮産が最高級品とされていたからだが、今の和名は江戸時代の朝鮮朝（李氏朝鮮という名は明治以後日本での命名）との貿易によるものという。

朝鮮との貿易は、江戸時代を通じて対馬を通して盛んに行われ、人参はその主力商品となり、その輸入が日本の銀の流失を招き、幕府が人参の国産化にのりだしたほどである。

だけど私が習った学校歴史では、朝鮮との貿易については出てこなかった。たぶんこれは明治政府による偏向教育の名残なのだろう。だって理不尽な併合政策を推し進めるには、善隣貿易をしていたなんて歴史を知られては都合が悪い。

歴史とは本来そんなものである。誰にとっても正しい歴史なんてない。立場と価値観で語られるもの、つまりイデオロギーである。ただしイデオロギーだからと言って、動かしがたい事実というものを無視したり、歪曲したり、陰蔽することとは別である。その点が物語とは異なる。

ところで植物名には、チョウセンの名を冠したものがわりとある。

薬用植物では朝鮮ゴミシ、朝鮮アサガオ、朝鮮ダイオウ。またトマトに朝鮮ナスビ、アカヂシャに朝鮮ダイコンさらにギボウシの一種のトクダマに朝鮮ギボウシなどである。変わったのではミツガシワの朝鮮オモダカ。

これらは日朝貿易が庶民レベルまで浸透していた証拠である。いくら隠しても、全てを隠しきれるものでもないということだ。

「スケッチするから鉢を貸して」と言うと、友人は「カルビ一皿でどうや」と、にやり。

生野区のコリヤン・タウンに出かけ、久しぶりに飲んだ。そして酒のさかなには、はりこんで高麗人参と鶏の水炊きサムケタン（参鶏湯）を注文。

ホウライシダ

台湾植民地化の名残り

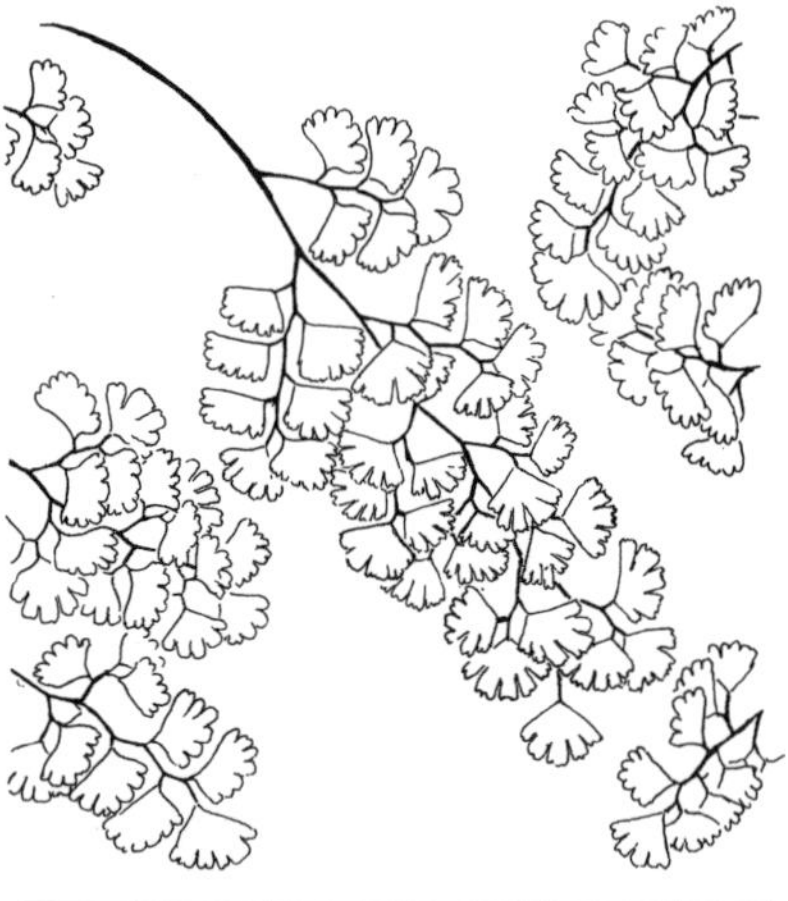

ホウライシダ　ホウライシダ科、ホウライシダ属の常緑性のシダ。世界各地の暖地に分布し、観葉植物として温室で栽培される。中国では薬用にされ、頭髪の成長促進に用いられるという。この仲間では他にハコネシダが自生するが、こちらの栽培は難しい。

蓬来とは、元来は『史記・秦始皇本紀』に載る東海海中にあって仙人が住む不老不死の地とされる霊山のこと。そこで日本でも、富士や熊野や熱田などの霊山・仙境の地をそう呼び、また霊山をかたどった飾り物もそう呼ばれる。

ただしこのシダにそんな名が付いたのは、中国本土からみて東海の海中にあるため蓬来の異称のある台湾に多いとされたからである。

調べてみたら、ホウライを冠した植物は他にも約十種ほどあった。それはほとんど南方に生育するシダで、これらも日本が台湾を植民地化していた中で、生まれた名である。

ただし単に珍しい又はめでたいという意味でつけられたと思われるホウライカズラというフジウツギ科のつる性植物や、ホウライチクという竹もある。

ホウライシダは観葉植物のアディアンタムの仲間であるが、面白いのはこれの分布の変化。日本での分布は、『日本の野生植物・シダ』によると、石川県と千葉県以西本州南部、四国、九州、琉球となっている。

ところが、六〇年代の『原色日本羊歯植物図鑑』の分布地には本州は載っていない。だからそれは当時の私にとっては、憧れのシダであった。そこで友人と高知県伊尾木の天然記念物シダ群落を訪れたことがある。

そこは海岸段丘が深くえぐれた谷で、ホウライシダは入口近くの崖一面に生えていた。その夜、寝袋で一泊。月光の中、黒紫色のエナメル塗りの針金のような葉柄がきらきら輝いていた。小種名のカピルス・ヴネリスもこれに由来し「ヴィーナスの髪」という意味である。

先の『日本の野生植物・シダ』では温室から逃げた可能性も指摘しているが、今は本州各地で見られるという。私も和歌山県白浜、兵庫県芦屋、北鎌倉の小川の石垣などで見ている。

これは地球温暖化の結果なのかもしれない。そうなると、地球温暖化もホウライシダにとっては名の如くめでたい印ということになる。

だから、近ごろの「自然にやさしい、地球にやさしい」なんてのは、単にヒトにやさしければいいという本音をごまかす、おためごかしの言い種である。

タイトゴメ

忘れられた稲作

植物名には、思いがけない歴史や民俗が刻印されていることがある。

その一つがタイトゴメである。

この名については『牧野新日本植物図鑑』にこうある。タイトとは「大唐米の意にして土佐幡多郡柏島の方言なり。大唐米はタイトウマイにして時にタイマエと呼ぶ」。大唐米とは「下等なる米にして漢名を秈一名占稲と云ふ。米粒に赤白の二種あり」と。

秈とは現在日本で主流のジャポニカとは異なるインディカ系統のイネの漢名。インディカ系統のイネとは、昔ふうに言えば外米である。それに葉の形が似ているというわけだ。

タイトゴメ　ベンケイソウ科、マンネングサ属のメノマンネングサの亜種。分布は関東以西の本州〜九州、奄美大島、朝鮮。海岸の岩上に生える多年草。花期は五〜七月。花序は頂生の集散状で黄色。一つの花は小さいが、カーペット状に群生すると美しい。乾燥に強いのでベランダなどで作るのにも最適。

確かにこの葉は米に似ていなくもない。そのうえ大唐米の見立てにぴったりの特徴もある。それはこの葉が秋には赤く色付くことで、牧野の記す赤米と結び付く。なお戦国末期にポルトガルの宣教師によって編まれた『日葡辞書』でも、大唐米は赤米と同義語の如く記されている。

今では大唐米は消えてしまったが、早熟性にすぐれ病害虫に強いため、中世から西日本の太平洋側沿いに関東まで広く作られていたという。消えてしまったのは、明治以後の政府による赤米退治の結果である。

網野善彦著『日本論の視座』（小学館ライブラリー）によると、「日本島国論」的に日本を閉鎖した社会と見る歴史観は、じつは明治以後つくられたものであり、各地に残された文献や出土品を調べると、鎖国時代でさえも地方や民衆レベルでの外国との交流があったという。

大唐米も、中央の歴史には出てこない黒潮沿いの漁民や商人たちがアジアをまたにかけて活動していた時代の産物なのにちがいない。

そんな大きな流れが、こんな小さな草の名に刻印されているのというのが面白い。

この葉は多肉質で、土にまいておけば、芽を出し発根する。子どものころ、押し葉標本にしたときも、かなり圧力をかけても押し葉になるどころか、発芽して根まで出てきたのに驚いた。これも大唐米に見立てられた一つの理由だろう。

よって栽培はきわめて容易。岩場のわずかな土にも、しがみついて生育している。ただし冬も温度の下がらない町中で栽培すると、きれいに赤米にはならない。

タラヨウ

仏典の貝多羅葉に由来

タラヨウ　モチノキ科、モチノキ属。静岡県以西の日本と中国の暖帯に分布する常緑高木。暖地では庭木に使われる。花期は五～六月。果実は晩秋赤く熟す。葉はこの仲間では最大で、長さ一〇～一七センチになり、縁にとがった細鋸歯がある。樹皮からは、とりもちがとれる。

名はインド文化圏で写経に用いられた貝多羅《ばいたら》葉（梵語のパトゥトラ）に因んだものとされている。貝多羅葉は法隆寺の宝物にも残るそうだが、インド南部からセイロンの原産で、インドからマレーシア地域に広く栽植されるコウリバ（行季葉）ヤシの葉を、一定の長さに切り、乾燥させたものとされ、これに尖った筆記具で文字を書き、煤《すす》をすりこんだのだそうだ。かの三蔵法師がインドから持ち帰った経文なども、これに書かれたものだったという。

紙以前、書写の素材には世界中でいろいろの植物が使われていた。名高いのはペーパーの語源ともなったエジプトのパピルス。中国では竹簡が使われ、日本では木簡が藤原京や平城京から大量に出土する。ヨーロッパではブナの樹皮が使われ、それがゲルマン系諸言語において、本とブナが同根の言葉となっている背景なのだという。ドイツ語で本はブッフ、ブナはブッヘ、英語ではブックに対しブナはビーチと呼ばれる。またロシアでは、シラカンバの樹皮が広く使われていたという。

タラヨウにそんな名が付けられたのは、葉の裏に爪楊枝の先などで字や絵を書くと、そこが黒変するからである。そこで別名エカキ（絵かき）シバとも呼ばれる。これは強く押して葉の細胞膜が破れると、中の酵素が出てきて化学変化を起こすからだそうだ。

またその葉を炎に当てると黒い輪ができる。この場合は炎が直接当る部分では酵素そのものが破壊されるが、温度が適当に上がった部分では酵素の活性が高まり、それが化学変化を進め黒い輪になるのだという。そこでモンツキ（紋付き）シバの別名もある。この現象は同じモチノキ科のモチノキやクロガネモチでも見られ、モチノキ科との見当をつけるよい手段となる。

甥が保育園の頃、庭のタラヨウの葉を使ってお絵かき遊びをしたが、その後友人からこれの洒落た利用法を教わった。

まずはホームパーティーや食事会のメニュー。次に百人一首などの上下の句を二枚に書き分け、水引で結んで棚飾り。一番うけたのは、俳句会で使った時だという。なお葉に直接切手を貼っても送れるそうだ。ただしラップをかぶせないと、途中で黒い線がやたら入るという。

なおこれを使うなによりの利点は、悪筆でもボロが出ないこと。

ナツツバキ

仏典の沙羅とは無関係

ナツツバキ（シャラノキ）　ツバキ科、ナツツバキ属の落葉高木。分布は福島県・新潟県以西の本州、四国、九州の高隈山まで。朝鮮半島南部。樹皮は十年目ぐらいから剥落。花期は六〜七月、花弁は白色、ツバキほどではないが雄しべの下部は合着し筒状になる。雄しべは黄色。

また立ちかえる水無月の　　嘆きを誰にかたるべき
沙羅《さら》のみず枝に花咲けば　　哀しき人の目ぞ見ゆる

芥川龍之介の「相聞《そうもん》」と題した四行詩である。

この沙羅はナツツバキのこと。白い花弁はうすく、ちりめん状にしわがより、一日花で夕べには散り落ちる。この詩はそんな姿を詠んでいるのであるが、同時に『平家物語』の「沙羅双樹の花の色、盛者必衰のことわりをあらわす」のイメージを下敷きにしているのだろう。

このはかなく散る沙羅の花のイメージはシャカの入滅時の説話によるのであるが、中村元訳『ブッダの最後の旅』（岩波文庫）を読むと、ちょっとちがうようだ。

そのとき、時ならぬのに沙羅の花が開き、シャカの身体に降り注いだという。アクセントは、散ることより、むしろ時ならず咲いたということにある。

ただし、この沙羅は熱帯産のフタバガキ科の樹である。だからナツツバキとは全く関係はない。ではどうして沙羅と呼ばれるようになったのだろう。

通説では、沙羅に似るためサラの木と呼ばれるようになり、それがシャラに転じたとされる。菩提樹と同じだというわけだ。仏典の菩提樹も熱帯産のイチジク属のインドボダイジュ。それと葉の先が長く突き出す点が似ているというので、分類上は離れたシナノキ属の中国産のボダイジュがそれに仕立てあげられたとされている。

だが沙羅とナツツバキの場合は、そんな共通点もない。だから『大言海』では、通説とは逆に「この樹名を取りて……インドの沙羅樹に付会した」としている。つまりもともとサラまたシャラと呼ばれた木に、勝手に沙羅と付けたという解釈だ。

おそらくこちらが正解だろう。どこかの寺が客集めにでも思いついたアイディアなのだろう。

だがナツツバキは、沙羅のイメージの助けなんかなくても素敵だ。とくに山の落葉樹林の中で出会うと、花の少ない季節なのでとりわけ目立つ。

樹皮もいい。滑らかでサルスベリの別名もあり、アカハダとも呼ばれる。これは新しく剥げた跡が灰赤褐色をしているためで、のちには灰色から淡灰褐色に変化する。

ママコノシリヌグイ

名付け親のまなざし

ママコノシリヌグイ（トゲソバ）　タデ科、イヌタデ属の一年草。分布は北海道～琉球。道端や山野の林下の湿った場所に生え、茎は長く伸びて他物によりかかり、一メートル近くなる。花期は五～十月、花色は紅色で濃淡があり、ときに白もある。

この名を知ったのは、夏休みの植物採集品を調べたときだ。

「ママコて何?」と母に聞いたら、「継母の子どものことや」と返ってきた。

それ聞いて私の頭に浮かんだのは『白雪姫』。この草の茎には、逆向きの鋭いトゲが密生する。

「これでお尻をふいたら、痛いやろうな」と思った。

ただし今のトイレットペーパーしか知らぬ世代には、尻ぬぐいと聞いてもぴんとこないだろう。

昔は農村ではワラや植物の葉を用い、都会でも我が家のような庶民は新聞紙をもんで使っていた。

ところで、私たちが絵本で知っているグリムの『白雪姫』はオリジナルの民話をグリムが改作したもので、原話では白雪姫をいじめたのは、じつは実母なのだという。するど、鏡に向かい「もっとも美しいのは誰?」と問うことは、女としての性と、子どもをはぐくむ母性との矛盾という根源的問題を提示していたことになる。

ほとんどの動物の子育て行動は遺伝子で担保されている。これが俗に本能と言われるものだ。だがヒトのように脳が発達すると、遺伝子ほど確実なものには担保されていない。だから実母であろうと虐待が起こりえる。また逆に継母であろうと、実子以上に慈しみ愛し育てることもありえる。その危うさを、ヒトは家族などの血縁共同体や地域共同体で補ってきたわけである。

現代の社会はそれらの共同体を解体させることによって生み出された。その意味では、増加する子供の虐待は歴史的必然である。ただこの国でそれが急激にあらわれてきたのは、解体された共同体に替わる受け皿を創造してこなかったからである。

さて、トゲはもちろん継子の尻を血だらけにするためにあるわけではない。他の植物にひっかけ茎を上に伸ばす手段である。そしてそれは同時に獣などに食われるのも防いでいる。

ママコノシリヌグイなんて名が付けられたのは、誰もが野良で肌を傷付けられた経験があったからだろう。

それはただ眺めて「かわいい」という目からは決して生まれてこない名だ。そこには愛憎織りなす眼差しがある。同属には、ウナギもつかめるという意味でウナギツカミなんてユーモラスな名をもつ草もある。良くも悪くも昔の名は、草木との多様なかかわりから生まれている。

ママコナ

民話から生まれた名

ママコナ　ゴマノハグサ科、ママコナ属の一年草。分布は北海道西南部、本州、四国、九州、朝鮮南部。山地の林の下などに生え、よく群生する。茎は二〇〜五〇センチ。花期は七〜九月、紅紫色。近縁によく似たシコクママコナやミヤマママコナがある。

あかんべえー。突き出たピンクの花の舌弁の白い二つの斑点がよく目立つ。名の意味は多くの本に「飯子菜」とある。ただし由来については、この白い斑点を二粒の飯粒に見立てたというのと、若い種子が米粒に似ているというのと二説ある。

だがママコナの名の由来は別のところにありそうだ。ミズキ科のハナイカダにもママコナの名があり、こちらは「継子菜」の意味だとされているからだ。

私が思うに、由来は次のような奈良県にある継子花の民話にあるのではなかろうか。

昔、実子と継子をもつ母親がいた。母親が仕事に出かけ外から帰ると、米びつの米がなくなっていた。それを見た母親が怒って継子の口を開けさせると、口の中にはたった二粒の飯粒しかなかった。だがじつは口を閉ざした実子が口いっぱいほおばっていたのである。そしてその後、その子たちが死ぬと、その跡から継子花が生じてきた。だから継子花には飯粒が二つだけのと、たくさんあるのと二種類ある、というものである。

ただし私が読んだ本には、継子花の種類について書いてなかった。だがこれとよく似た話は福岡県の壱岐にもあって、それにはゴマノハグサ科のママコナのことと註がしてあった。ただしママコナでは二粒の飯粒についてては合うが、多数の飯をつけるというのには合わない。

他方、ハナイカダをママコナと呼ぶのも各地にあり、その果実が葉の中央につく理由に、こんな説話がある。継母が炒った黒豆を継子の手のひらにのせた跡が残ったというのと、お灸をすえた跡が残ったというのである。

先のママコナの説話も、最初このハナイカダから生じたのではなかろうか。ハナイカダは雌雄異株で、雌株には花が一〜二個だけしかつかず、雄株には数個つくからだ。もちろんその段階では、飯は手に握っていたとされていたのだろう。

そしてその後口にほおばった話に変わるとともに、花弁に目立った二つの白いマークを持つママコナに移行したのではなかろうか。

これは私の仮説にすぎないけれど、ママコナやママコバナの名は、たぶん同じ系統の民話がベースになって生まれたのにちがいない。

ハナイカダ

意匠の見立て

ハナイカダ　ミズキ科、ハナイカダ属の雌雄異株の落葉低木。分布は北海道南西部〜九州。山地の陰地にふつうに見られ、群生することもある。花期は五〜六月。雌花は四弁で一〜二個、雄花は三弁で数個。挿し木が簡単なので鉢植えするとよい。もちろん果実を見るには、雌雄両株が必要。

高校時代、この花を初めて見たときには驚いた。さらに驚いたのは、そのときに生物クラブの顧問の先生から教わったこの木の名前である。

と言うのは上方落語に『花筏』という演目があるからだ。

この落語は大阪相撲の花筏という名の大関の巡業でのエピソードを素材にしたものだ。ただし今では大阪相撲には若干説明がいるかもしれない。現在は相撲興行も東京一極集中になってしまったけれど、昔は大阪にも部屋があり興行も行われていたのである。

帰ってから『牧野新日本植物図鑑』を開いてみた。すると「花をのせた葉をいかだにたとえたもの」とあった。でもこれでは、なんで大関の名と同じなんか、わからん。

そこで辞典で「花筏」を引いてみた。すると室町時代の『閑吟集』に「吉野川の花筏」とあり、花筏とは桜の枝が水面を流れる様を筏に見立てたもの、またはそれを元に、筏に桜の花や枝をそえた意匠や紋様のこととあった。

早速、図書館に花筏というデザインを見にいった。すると確かにハナイカダの花のつき方は、筏の上に桜の花を散らした意匠の見立てのようである。落語の大関の名も、その意匠の名に由来するのだろう。それを牧野先生のように大真面目に植物学的に解釈しては、身も蓋もない。

ではなぜ、ハナイカダの花は葉の真ん中につくのだろう。

その成り立ちは葉の主脈を見ると、よくわかる。葉柄から花がつく部分までの主脈は、その先より太くなっている。これは葉と花序が発生初期に両者の原基が分離せず同時に成長したためで、花梗が葉の主脈と癒着した形なのだという。

つまり構造上から言えば、普通の花と同じく花梗の先についているというわけだ。これは植物学用語では葉上生と呼ばれ、地中海原産のユリ科の低木ナギイカダも同じ性質をもつ。

ところで、ハナイカダには方言も多い。ハナイカダも洒落ているが、それは都会的センス。それに比べると野暮だけれど、方言には生活の匂いがただよっている。

まずは九州に広くあるツキデ、ツクデ系統の名。これは髄を「突き出して」照明用の油を燃やす灯心に利用したのによるという。

イボナノキやアズキナは花の中央に実がついた姿を、いぼや小豆に見立てた名。また信州にはヤマホオズキというのもある。これは草のホオズキではなく、海ホオズキに見立てた名。

またママコナやママッコというのもある。これは、継子がママ（御飯）を欲しがって、継母に手に灸をすえられ、手のひらに跡が残ったという民話と関係するとされている。

この民話については、きだみのるが『気違い部落周游紀行』（冨山房文庫）にこう書いている。「継子という文字から継子いじめの悲惨を思い起こすのは一つの文化に属し」、逆に「欠けた愛情を理性で補って、教育をより完全にしようとする母親を思い起こす」のもまた別の文化に属すと。

戦前のパリ大学で人類学を学んだ、彼らしい寸評である。この作品は戦後すぐの東京都下の山村に取材したものだが、近代的理性を基準に日本の社会を解剖したものである。

だけど今から考えると、欠けた愛情を理性で補いうるというのも、個人の理性の力に対する楽観主義にすぎないのではなかろうか。

世の中には組み合わせの悪い母親と子どもというのが、どうしてもでてくる。その場合は、母子関係だけに頼らない受け皿を社会的にどう作るかという問題だろう。

なお菜と付く名が多いのは、葉を食べるからで、ムコナやヨメナノキの名もある。さっと湯がき、おひたしにするとうまい。でも味は淡泊なので、花カツオやゴマをたっぷりかけるとよい。

また花のついた葉の裏面にだけころもをつけ、テンプラに揚げたのをさかなに、一杯飲むのも洒落ている。もちろんその料理名は「花筏」。そして酒は「大関」。

タイサンボク

名はこちたけれど

タイサンボク　モクレン科、タイサンボク属の常緑高木。北米南東部原産。独立樹では高さ四〇メートルに達し、アメリカでは家具材として珍重するという。花期は五～六月。白く大きく径一五～二〇センチになり、甘く強い香りを発散する。日本には明治六年に渡来。

この花が咲くのは梅雨の季節。花も葉も全体におおぶりなこの木の梢に、大きな白い花が咲いている姿を仰ぎ見ると、なんだか爽やかな気分になる。とくに雨がやんだ晴れ間に咲く花はきらきらと輝いて美しい。

それに名も泰山木と、聞くだに大きい感じがして、この木にぴったり。なかなかうまい名をつけたものと感心していた。

ところが数年前図書館で樋口一葉の日記を読んでいたら、明治二十四年六月九日の記述に、歌会でマキノーリアを初めて見たと出てきた。そして「名はこちたけれどうるはしき花」と述べ、いい名がないので歌にも詠まれず惜しいとあった。

マキノーリアは属名のマグノリアだろう。では当時日本名はまだなかったのだろうか。疑問に思って調べてみた。すると『牧野植物随筆』（一九四七年）に、明治初年ごろ誰か園芸家がタイサンボクの名を付け、当時は大山木と書かれたが、「大盞木の意味である」とあった。

大盞とは大きなさかずきのことで花の形をそれに見立てたものだが、この形容は『広益地錦抄』（一七一九年）のハクモクレンの花の記述に出てくるのを踏襲したものだという。

確かに牧野の言う如く、大山よりは大盞のほうが自然である。手元の辞書類には大盞という言葉は載っているが、「大山」という言葉は載っていない。それに、『大盞』は落語の演題になっているほどであるから、当時にあっては日常語だったのだろう。

またトキワ玉蘭、トキワ白蓮などの名もあったという。玉蘭や白蘭はハクモクレンのことで、トキワは常緑という意味である。

さらに明治十二年に南北戦争で有名な北軍のグラント将軍夫妻が訪日した際も、これを将軍夫人が上野公園に記念植樹し、この木はグラント玉蘭と呼ばれ有名になったという。

ただし考えたら、この植樹はちょっと皮肉。原産地はむしろ南軍の支配地域だからだ。『風とともに去りぬ』の冒頭にあるスカーレット・オハラの容貌の描写にも、肌の色はマグノリアの花のように白いとあるのは、南部の花という意識があったからだろう。

それはともかく、一葉はこれらの名を知らなかったのだろうか。

おそらくそうではなく、彼女はそれらの名を好まなかったのだろう。

例えばタイサンボク。意味も定かではないのに音だけ「こちたし」すなわち大仰。上方落語で長屋の連中に嫌われる講釈師が犬の糞をケンプンと言うのと、似ていなくもない。

そう考えると、市井に生き且つ死んだ一葉の感性とは、合いそうもない。一葉研究で著名な和田芳恵も、『一葉の研究』に「自分の生活を通さないもの、自分が、はっきりとたしかめないものは信じなかった」と書いている。

でも逆に考えれば、この命名はうまい。明治以後の漢語崇拝のメンタリティーと大仰な物言いを好む性癖をうまくくすぐっている。だからこそ他の競争相手をしのいで、生き残ったのだろう。

「昂然と泰山木の花に立つ」　虚子
こちたき漢音と、泰山という文字のイメージに乗っかった句である。そこには良くも悪くも明治のエリートのメンタリティーがじつに素直に現れている。

なお泰山木の字を当てたのは、深津正・小林義雄著『木の名の由来』によると、園芸植物の大家、松崎直枝らしいとある。松崎の著作『趣味の樹木』（一九三二年）に、「自分が茲に敢えて泰山木の字を用ゆる所以のものは、義は泰山よりも重しと云ふ詞に因む」とあるそうだ。

引っ掛かかっていた当人が言うのもなんだけど、漢語フェチシズムの人間をうまく引っ掛けようという発想が当ったわけである。その意味では、時代を読んだネーミングではある。

クサギ

うはべ美し底苦い

クサギの花にアゲハの仲間が集まっていた。この花の蜜は長い花筒の奥にある。だからそれを吸える昆虫はかぎられている。その点長いストローの口を持つアゲハチョウ類にはぴったり。またクサギの花も雄しべを長く突き出しチョウの身体に触れるような形になっている。

名は葉の独特の匂いに由来する。ただしこの名については、「花が美しいのにかわいそう」なんてよく書かれる。

ところが、『山家鳥虫歌』（岩波文庫）に載る岡山県の民謡は、こんなふうに唄っている。

「こちの旦那様臭木の育ち／うはべ美し底苦い」

クサギ　クマツヅラ科、クサギ属の落葉低木。山野の道端や林縁に多く、伐採跡地などにいち早く進出する。花期は八〜九月、色は白。果実は晩秋になるほど濃くなり、紅紫色のガクとのコントラストは美しくなる。ただしその頃には鳥が訪れ、果実を食べてしまう。

クサギの若葉は加熱すると匂いが抜けて食べられる。しかしゆがき方が下手だと苦みと臭みが残る。それをふまえた唄である。そしてそれが旦那様への、屈折した気持ちの表現ともなっている。「美しい花には美しい名」のような単純な見方はしていない。

私がはじめて食べたのは熊本の知人からもらった、ちりめんじゃこ入りの佃煮。以来ファンになった。だけどアク抜きは難しい。ついゆがきすぎ、臭みは抜けたが味も抜けたとなりがちである。

秋の果実も美しい。ただし果実そのものは黒っぽいプルシャンブルーで、それほど目立たない。目立つのは残ったガク、秋深くなるとマジェンタ色に色付いて、エナメルを塗ったように輝く。これで鳥にアピールしているわけだ。なお、この果実は草木染めに使われる。耐光性は弱いが、絹物は秋の空の色に染まる。

ところで、芭蕉七部集の『あら野』には、こんな句が載っている。

「枝ながら虫売りにくるくさぎかな」

売られているのは「くさぎの虫」というコウモリガの幼虫だ。クサギの幹や枝に潜り込んでいるのを取り出し、串にさしてあぶり、子どもの疳《かん》の虫の薬にしたという。

疳の虫が今日の病名で何に当るのかは定かでないというが、当時は乳幼児の死亡率が高かった時代である。親としては藁《わら》にもすがりたい気持ちだったのだろう。

クサギという言葉には、そんな庶民の想いも含まれている。プラスチックの手触りのような美意識で名を云々すれば、そんな人と草木の長いつきあいも抜け落ちてしまう。

セッコク

着くのは石か木か

セッコク ラン科、セッコク属の多年草。分布は本州～琉球、朝鮮南部、中国。花期は五～六月、花色は白から淡紅色で、唇弁には淡緑色の模様がある。他には八丈島、四国と九州の南部、琉球、台湾にキバナノセッコクがある。

名は漢名の石斛《せきこく》のつまったもの。中国では、古来この属の十種以上が石斛の名で薬に使われ、滋養強壮剤として病後や消化器の衰弱などに用いられてきたという。石とあるのは、この仲間は多肉質の太い茎に水分を貯めこんでいるため乾燥に耐え、明るい岩棚などにも生育するからである。

日本でも、『出雲風土記』にはイハ（岩）グスリの名で載っている。またイワドクサ、イワマメの別名もある。なお『和名抄』には、スクナビコノクスネ（少名彦の薬根）の名で載っている。これは日本神話に登場する薬の神、少彦名神《すくなひこなのかみ》にあやかった名である。

このように中国や日本では、名に石が付いている。ところが属名はデンドロビウムという。これはギリシャ語の木を意味するデンドロンと、生活するという意味のビオンが合成したもの。すなわち木に着生するという意味である。ヨーロッパにはこの属は分布しない。たぶんこんな名を付けたのは、植民地の熱帯雨林の樹上に着生するタイプによったからだろう。

学名にはラテン語やギリシャ語起源のものが多い。だからそれを知らない人間には、呪文のようなもの。その意味では、西洋文明圏以外の人間にとってはハンディキャップである。

とは言っても、最近は学名そのままの園芸植物も増えてきた。少しは意味を知っていると、その植物のイメージも湧き、親しみも増す。

デンドロンもいくつかの属名に登場する。ツツジ属のロードデンドロンはバラのような木ということだが、赤い花が咲く木という意味だそうだ。観葉植物のサトイモ科のフィロデンドロンはギリシャ語のフィロ（愛する）から、付着根で他の樹木にからみつく性質を表している。デンドロパナックスはカクレミノ属で、これは木になるチョウセンニンジン属という意味である。

ところで、安部公房には『デンドロカカリヤ』という妙な題の小説がある。これはワダンノキ属のことで、意味は木になるコウモリソウ（カカリア）属ということだ。小笠原の固有属で最大五メートルにもなる樹木であるが、キク科には珍しい木本だということから命名されたという。

なおセッコクは実際は木にも着生し、着生蘭の中では最も身近にみられ、江戸時代から長生蘭の名で葉の変異品が栽培されてきた。

トキソウ

鳥は絶滅、草は絶滅危惧

トキソウ　ラン科、トキソウ属の多年草。分布は北海道と本州、九州と四国には少しだけ。花期は六～七月。ミズゴケや泥の湿地に生え、細い根を長く延ばし、ところどころから芽を出すため、群生する。同属にヤマトキソウがあり、分布は北海道から九州。こちらはずっと小型で、花は完全には開かない。

この花との出会いは高校時代。所はその後ダムができて消えてしまった西宮の甲山の北山湿原。ブッシュをかきわけかきわけ抜け出たら、目の前に湿原があらわれた。その一部がまるでピンクのカーペットを敷きつめたようだった。

ラン科には、鳥の名を冠したものがわりとある。最も知られているのはサギソウであるが、これは花を見れば一目瞭然、白鷺が飛んでいるよう。同じくエビネの仲間のツルランも、花を鶴が飛ぶのに見立てたもの。

トケンランのトケンは杜鵑でホトトギスの漢名。これは花弁に暗紫色の横縞の斑点が入るのをホトトギスの胸の横縞に見立てたもの。また葉の斑点の模様からきたミヤマウズラというのもある。

一番多いのは××チドリというかたちの名で、これは別名に付けられているのを含めれば、十数種類にものぼる。イワチドリ、ヒナチドリ、キソチドリ、ハクサンチドリ、ノビネチドリなど。

ではなぜチドリの名のついたランが多いのだろう、と考えた。

まず考えられるのは、花の形。ラン科には蜜がたまる距がうしろに長く付き出たものが多い。それをチドリの尾羽根に見立てたわけだ。

またチドリの名の付くランは小さいが花数が多い。それを群れ飛ぶ千鳥に見立てたのだろうが、これは千鳥の紋様や意匠からの見立てだろう。

ただし由来の不明なカモメランなんてのもある。これにもこじつけ的な解釈がないこともないが、たぶんラン類に鳥の名が多いのに便乗して付けられたのだろう。

トキソウの場合は、花色が鴇色なのに由来する。鴇色は昔は染め物などで一般にもよく知られた色だったからである。そしてその前提には、鴇がそれほど珍しくなかったこともあり、江戸の近くでも見られたという。

トキの学名はニポニア・ニッポン。私の子供の頃にはそれを自慢したものだ。だけどトキを絶滅させてしまった今では、この学名は日本の恥を世界に宣伝しているようなもの。

トキソウもまた激減し、今ではレッドデータの絶滅危惧ランクⅡに載せられる。これまでも絶滅させて比翼のトキでは洒落にはならない。

ウバユリ

洒落で付けられた?名

ウバユリ　ユリ科、ウバユリ属の多年草。分布は本州の宮城県、石川県以西と四国、九州。中部以北の日本海側と東北、北海道には、変種のオオユバウリが分布。これは大きく一メートル近くなる。花期は七〜八月で花色は白。まれに紅色のもあるという。

名は花の咲く時には姥《うば》のように歯（葉）がないという洒落に由来する、という説がある。観察会でそう言ったら、すかさず女性陣から「じじいだって歯はないわ」と猛反撃。でもこの命名は昔の女学生たちが出っ歯をからかった「山桜の君」と似ていなくもない。こちらの心は鼻（花）より先に歯（葉）が出る。

花はユリに似ているが、じつは別属のウバユリ属。多くの点でユリ属とは異なる。まずは葉。発芽の年にはユリ同様に細長い葉を一枚出すが、翌年からは卵形になり、葉脈も平行脈ではなく網状脈。そこでヤマカブやゴボウユリなんて別名もある。この卵形の葉は三〜五年間は一枚だけ出し、その後葉数は毎年増える。その間鱗茎は肥大し六〜八年すると花がつく。そして花が咲くと、その株は枯れてしまう。これがユリ属と一番ちがう特徴である。果実はカラスウリ大のが数個つき、晩秋に熟す。すると割れて、半透明の膜質の翼のある種子が大量に散布される。

ところで、じつは先の名の由来説に反して葉は開花時にもまだある。でも果実が熟すころには、葉はほぼすがれている。これは残った養分を全て果実につぎこむからだろう。

だけどこの種子はあまり散布能力はなさそう。種子の残ったままの果実が冬に腐っていることがよくあるからだ。また親の株もとでかたまって発芽していることも多い。たぶんこれは、風の弱い林の下に生えるからなのだろう。

ただしウバユリは鱗茎の分裂によっても殖える。これがわりと密集して生えるのは、そんな栄養繁殖の力が強いからだろう。

子規は『墨汁一滴』（岩波文庫）に「美しき花もその名を知らずして文には書きがたきはいと口惜し」と書いている。ただし今では、ウバユリの名の由来を口に出せば、女性陣からは総すかんを食らう。

だが、名は体を表すと言うけれど、同時に名付け親のまなざしをもあらわしている。洒落で悪口を叩くのも、親しく思えばこそ。今時のように「老人」を「お年寄り」に変えたからといって、何が変わったのだろう。「敬して遠ざける」なんて言葉もある。

ハナノキ

ハナの由来のいろいろ

ハナノキ　カエデ科、カエデ属の雌雄異株の落葉高木。岐阜・長野・愛知三県の県境付近と長野県大町市にだけ分布する日本固有種。江戸時代に近畿地方ではわりと植えられたようで、各地に古木があり、森野旧薬園以外にも滋賀県に数カ所あり、天然記念物指定の木もある。

ハナノキの枝が真っ赤に花盛り。

時は早春、所は奈良大宇陀町の森野旧薬園。

この薬草園は十八世紀前半幕府御用で近畿一円から北陸まで薬草探索に活躍した森野藤助（賽郭《さいかく》）が開いたもの。彼は本業の葛粉製造のかたわら薬草園で薬草を栽培し、それを研究し、彩色図鑑『松山本草』を著している。

職業としての学問が成立する以前の、こんな学問こそたぶん真の学問。

薬草園は彼の死後も森野家によって代々維持され、今は一般にも公開されている。最初に訪れた昭和三十年代には、まだ戦争の影響で荒れていたが、来るたび整備されてきた。

そして思うのは、その苦労とこころざし。こころざしなんて言葉は今では死語だけど、それこそが文化を支えてきた力なのだとつくづく思う。

なおここでは今も葛粉製造もやっていて、見学もできる。ただし暖かくなると、沈殿槽はすこぶる臭い。だけどここで出してくれる葛切りは、すこぶるうまい。

名の由来については、牧野富太郎は葉の展開する前に咲くため「遠くから赤く花盛りがみえる」からと書いているが、これは少しく理に落ちすぎる。

そこでハナノキの名をもつ木を調べてみた。すると三つの系統があった。

一つはハウチワカエデやヒトツバカエデ。これはハナがカエデ類の総称でもあるからで、材が麻《お》殻《がら》のように柔らかいことから、オガラバナと呼ばれるカエデもある。

第二は神仏に供えるシキミやサカキ。京都市北部に花背峠や花折峠という峠があるが、これらの「花」はこれに由来するとされる。前者は滋賀県出身の画家三橋節子の代表作の題にもなっているが、この名はこの峠にシキミが多かったからなのだという。

第三は同じく神仏に供えるものだが、小正月に飾る餅花を挿すのに使われるミズキやニワトコ。

どうやらハナノキは、カエデ類の総称のハナと、裸の枝に丸く咲く赤い花を餅花に見立てたのとの両方がからみあって生まれた名のようである。

果実は他のカエデ類と異なり夏前に赤く熟す。春の花ほどではないけれど美しい。

コゴメウツギ

植物名と死語

コゴメウツギ　バラ科、コゴメウツギ属の落葉低木。名のウツギは同じ季節に白い花が咲くから。花期は五～六月。全国の低山から山地にふつうに生育する。秋の黄葉も、なかなかいい。

名を問われコゴメウツギと答えたら、「コゴメて何」と返ってきた。小米ももう死語らしい。

植物にはコゴメの付く名がわりと多い。ゴマノハグサ科のコゴメグサ、イネ科のコゴメカゼクサやコゴメススキ、カヤツリクサ科のコゴメガヤツリ。キク科のコゴメギク。

またミゾソバ、イボタノキ、ユキヤナギ、シジミバナにはコゴメバナの別名があり、メノマンネングサ、ツメクサ、ムラサキシキブにはコゴメグサの別名があり、ユキヤナギ、シジミバナ、アズサにはコゴメザクラの別名がある。

小米とは精米する際にくだけた米のことであるが、昔の水車による精米では、小米が多く生じたのだろう。また都市には搗《つき》米屋という商売があり、庶民はここで一升、二升と量り売りで米を買ったため、身近だったということもあるにちがいない。

もちろん小米は捨てたわけではない。粉に引いてしん粉にしたり、かゆにして食べた。

そこで歌舞伎十八番団十郎の有名な「外郎売《ういろう》り」の早口言葉にも「小米のなま嚙《か》み、小米のこなま嚙み、こん小米の小なま嚙み」なんて文句が登場する。

植物の名を知れば、ときにはこんな身近な生活の歴史を知ることにもなる。

でもこれだけ死語が増えると、洒落が出しにくい。すると物言いも、つい標準語的くそまじめになりはてる。それが大阪もんの私には、江戸下町ふうに言えば、こっぱずかしい。

観察会で誰かが「ほんまはコヨネウツギと言うんや」と、ふざけた。そこで「緊張と緩和」と応じると、にやっと返された。

洒落を解説することほど野暮はないが、小米《こよね》は自死した桂枝雀の前名。「緊張と緩和」は理屈っぽい枝雀がよく言っていた笑い発生の理論。

こんな野暮を書くのも、どのみち「去るものは日々に疏《うと》し」、と私の口調もなんだか落語の横町の隠居のくり言めいてくる。

ふと思い出す。子供のころ私が「よこちょう」と言うたびに、「大阪ではよこまちや」と言っていた亡父が、胃ガンの病床で枝雀のテープを、せんぐり聞いていたのを。

スナビキソウ

砂浜に生える

スナビキソウ　ムラサキ科、スナビキソウ属の多年草。分布は北海道〜九州。花期は五〜八月、日光でハレーションを起こすほどの鮮やかな白。

意味は砂引き草。文字通り生育地が砂浜なのに由来する。

海浜植物の種子は海流で運ばれるものが多いが、日本列島の場合は「名も知らぬ遠き島より流れよるヤシの実一つ」のように、南から黒潮に乗ってくるものが圧倒的に多いという。

スナビキソウもコルク質の果皮をもち、海に浮いて広がる。が、その分布は日本列島、朝鮮半島、シベリア、ヨーロッパ。どんな海流で運ばれてくるのだろう、と前から不思議に思っていた。

ところが一九九七年、ロシアのナホトカ号の石油流出事故が起こった。そこで気が付いた。冬の日本海の季節風の波で運ばれてきたのだろうと。

海浜植物の植生は、なぎさと平行に帯状に形成される。ただし常に波をかぶる場所には植物は生えない。ナホトカ号の重油が打ち上げられれのは、おもにこの部分である。

次の帯には、ハマヒルガオやハマボウフウ、コウボウムギやハマニガナなどがまばらに生える。

さらに次の帯は半安定帯と呼ばれ、スナビキソウはおもにここに生育し、ハマエンドウやハマダイコンなどと混生する。

砂浜は光がよく当り光合成には有利だが、環境は過酷、真夏の昼の地表は五〇度を越える。でも砂の中は三〇度程度にしかならない。そこで太く長い地下茎を深くもぐらせている。なおこれは雨が浸透した真水の層に根をはるためでもある。

また多くの種類が塩風への適応として、多肉質になったり、葉に毛が密生したりする。スナビキソウも葉に荒い毛が密生し、ざらざら。

ところで現在、日本の砂浜はつぎつぎ消えつつある。最大の原因は埋立や港湾建設やコンクリート護岸などであるが、かつては河川から供給されていた砂がダムによってせき止められ、供給されなくなったことも大きいとされている。

さらには地球温暖化問題もある。「気候変動に関する政府間パネル（ＩＰＣＣ）」が一九九七年に発表した最悪のシナリオでは、二一〇〇年には日本の海岸の八二％が消失するという。

その点さすが都会は進んでいる。大阪湾や東京湾では、とっくにそのレベルに達している。こういうのも、時代の先取りと言うのかしら。

シュウメイギク

八重ならばこその名

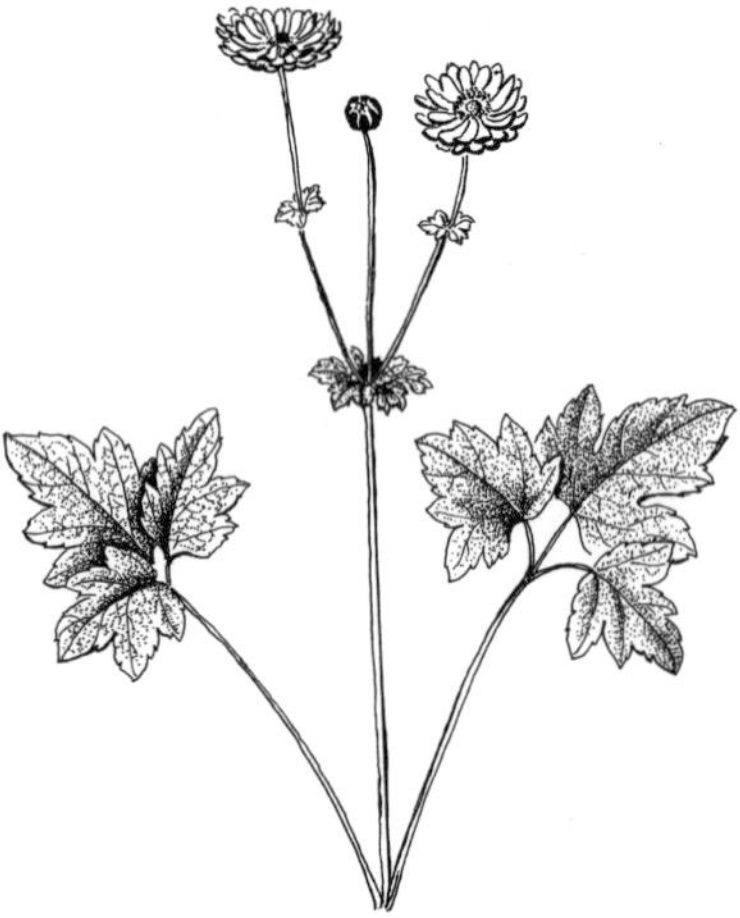

シュウメイギク キンポウゲ科、アネモネ属の多年草。日本のアネモネ属で唯一の秋咲き種。花期は九～十月。古く中国から渡来したとされ、種子はできない。分布は本州、四国、九州。各地に野生化するが、これは何かの理由で人が広めたもの。

断定的に秋明菊と書いている本もあるが、『牧野新日本植物図鑑』は「秋明菊だろうか」とする。秋冥菊や秋名菊と表記されることもあり、語源は不明らしい。

別名はキブネギク。これは京都洛北の貴船神社の周辺に多かったのに因む。

秋、貴船神社を訪れた。だけど今では野生は全く見られない。その代わり、貴船川沿いに床をしつらえた料亭の周辺に植えられていた。

ところが中に、五弁の一重の花しかも白花やピンクの花も植えられていた。だが本来のシュウメイギクは紅紫色で八重咲きである。

白花は中国原産のアネモネ・ビティホリアだろう。ピンクのはこれと中国に生育するシュウメイギクの一重の花との雑種だという。これらは山草栽培のルートで新しく入ってきたもので、おそらく園芸店で買って植えたのだろう。

だが八重だからこそ、シュウメイイ菊やキブネ菊の名が生まれたのである。一重では菊のイメージにはならない。せっかく植えるなら、本物を植えはったら、どうどす。

観光の目玉を作る場合も、生態学の専門家の知恵を借り、自然復元にも意味をもたせるようにできないのだろうか。京都には掃いて捨てるほど大学がおまっしゃろ。

さて貴船神社と言えば、能の『鉄輪《かなわ》』で名高いところ。

これは、都に住む女が自分を捨てて新しい妻を引き込んだ夫を恨み、嫉妬に狂い鬼女となる話。前妻は貴船神社に日参し願をかける。すると社人が現れ「頭に鉄輪をいただき、その三つの足に火をともし、顔に丹を塗り赤い着物を着れば、鬼となって願いがかなう」てなことを言う。それを前妻が実行すると、夫は日夜悪夢にうなされる。そこで夫は陰陽師《おんみようじ》として名高い安倍晴明に祈祷《きとう》を頼む。すると前妻の霊があらわれ、うわなり（後妻）の髪をつかんで激しく打ちすえる。だがついには祈祷の効あり、前妻の霊は退散する、という話である。

そこで「元のキブネギクが怨霊となり、新来の草を引き抜きに現れんへんやろか」と同行の友人に言ったら、「今や何でも軽いのが好みの時代。執着する恋なんか、はやりまへんで」と軽くいなされた。なるほどそう言われれば、一重は八重より軽い？

ウマノアシガタ

バターカップの由来

ウマノアシガタ（キンポウゲ）　キンポウゲ科、キンポウゲ属の多年草。北海道西南部～九州、沖縄の日当りのよい路傍の草むらに生える。花期は四～五月、雌しべの花柱は短く、先は曲がらない。果実は金平糖の形に似ているのでコンペイトウグサの別名もある。

「おっちゃんとこのバターと同じや」と、小学三年生の姪が叫んだ。弟の家でスケッチをしていたら、彼女が「何という花」とたずねる。そこで「ウマノアシガタや」と答え、「英語ではバターカップ、黄色いからや」と付け加えた。すると「バターはこんなに黄色くありませんよ」と、つっこまれた。

そこで以前乳業会社に勤めていた弟にたずねてみた。だが彼も現代の工場生産しか知らない。クルクミンという色素で黄色く染めるが、これは元来は腐敗防止のためだろうから、昔は濃く色付けたのだろうか、それとも色が黄色いジャージー種の牛乳から作ったバターか、などと喧々諤々《けんけんがくがく》。すると突然、冒頭の発言が飛び出したわけだ。

以前姪が私の家にお泊まりに来たとき、冷蔵庫の奥で黄色く変色したバターを発見し、「おっちゃんの家の不潔さ」が伝説化していたからである。

帰って加藤憲市著『英米文学植物民俗誌』を開いた。するとこの仲間はバターフラワーとも呼ばれているとあり、バターカップとは本来はバターを入れるつぼのことで、リュウキンカやクサノオウなど黄色の花の多くがそう呼ばれたと載っていた。

その後、弟が古い英文の畜産学の本のコピーを送ってきた。それには、冷蔵庫以前のバターは壷に詰めて保存し、使用するうちに表面が酸化しディープイエローになるとあった。

バターカップの名は、壷入りのバターを使っているうちに凹状にへこみ、表面が黄色くなった姿から付けられたのだろう。すると姪の指摘も的を射ていたわけだ。

なお花弁はバターのように輝くが、その根もとは黄色でもマチエール（質感）が異なる。

これを紫外線に感光するフィルムで撮ると、全く別の色に写るのだそうだ。そして紫外線が見える昆虫の目には、それが蜜のありかを示す印になっているのだという。

バターのように輝くのにも、わけがあったのだ。

この仲間は有毒で、汁がつくと肌が腫れる人もいる。そこでヒゼン（皮癬）バナの別名もある。だから家畜は食い残す。ヨーロッパの放牧地などでよく目立つのはそのためだ。それゆえ、この仲間がバターカップの代表とされるのだろう。

オタカラコウ

大きなツワブキ

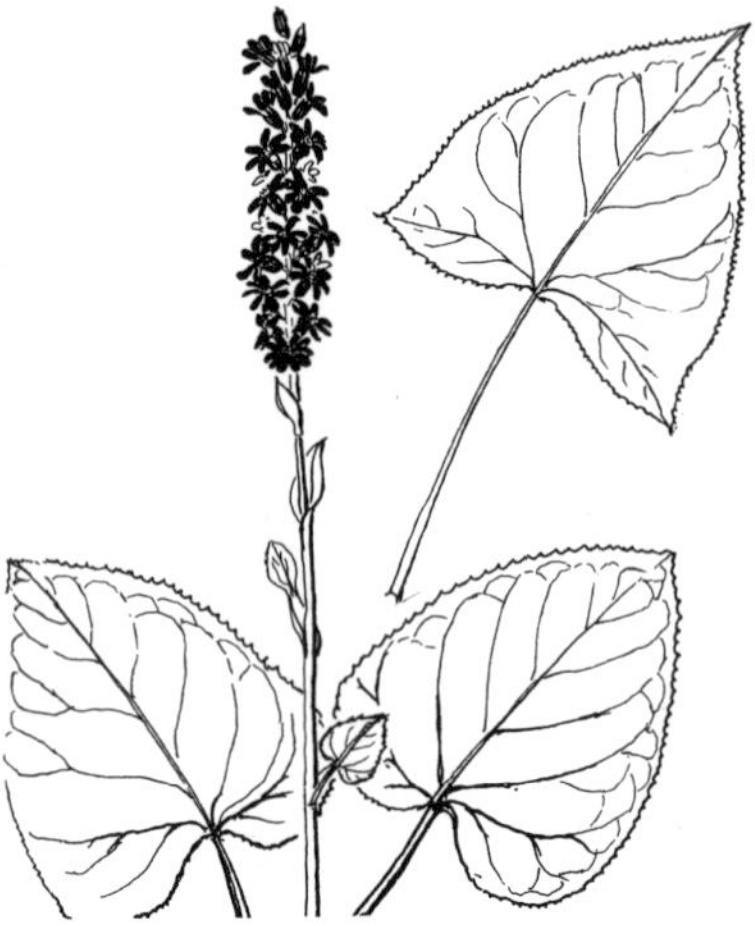

オタカラコウ　キク科、メタカラコウ属の大型多年草。ときに二メートル近くにもなり、深山の谷川沿いに群生する。花期は七～十一月。寒冷地では早く、大阪近辺では十月頃。花色は鮮やかな黄色。分布は福島県～九州。

観察会でオタカラコウの群生地を訪れたら、「コウて何ですか」という質問が出た。なんのこっちゃ、と聞き直したら、テレビ番組の影響でオタカラコウのオタカラを「お宝」と受けとり、コウという名の植物があると思ったのだという。

名については、牧野富太郎が雄タカラコウの意味で、タカラコウは龍脳香のことで、この類の根茎が同じ香りがするからだと書いているため、それを孫引きした本が多い。

ところがそれに対し、深津正さんは『植物和名新考』で、こんな説を出している。

『物類称呼』にツワブキの別名として「大和にて、たからこ」とあるタカラコに由来し、ツワブキに花も葉も似るため、まず大きなタカラコの意味でオオタカラコと呼ばれ、それが転じオタカラコウになったのではないかと。

また同属のメタカラコウは、オタカラコウが雄タカラコウの意味にとられるようになり、それに対して全体にやさしいという意味で、メ（雌）タカラコウと付けられたのではと。

おそらくこちらのほうが正しいだろう。

なおこの二つは混同しやすいが、ポイントを知れば区別は簡単。葉の元がオタカラコウの場合は丸くなるのに、メタカラコウは三角状につきだしている（右図）。

ところでこのオタカラコウ、分布がちょっと変わっていて、これは地質時代において日本列島が大陸と着いたり離れたりしたことと関係しているのだという。

分布は日本列島以外にもヒマラヤ、中国、朝鮮、シベリア東部、サハリンにあり、北海道と東北北部だけが抜けている。原因はサハリンに分布するのだから気候の寒冷が原因ではない。また東北北部にもないのだから、津軽海峡が原因でもない。

『日本の野生植物Ⅲ』によると、これは日本列島が朝鮮半島とつながっていた時代に広がってきたけれど、まだ東北北部にまで至っていない段階を示しているのだという。

植物の分布から地質時代を想像するなんてのも、なかなか気分は気宇壮大。はやり言葉で言えばグローバル。

もっとも考えたら当り前。草木に国境なんてない。

ジンチョウゲ

沈香と丁字の香り

ジンチョウゲと言えば、なんといってもまったりとした甘い花の香り。学名もダフネ・オドラ。オドラは「芳香のある」という意味。漢名も瑞《ずい》香や睡《すい》香。また遠くまで香るという意味で、七里香や千里香の名もある。

ジンチョウゲ（沈丁花）も、花の香が香木の沈香や香料の丁字に似るのによるという説と、花の形が丁字に似て香りが沈香に似るためという説があるが、ともかく芳香に由来する。

この名は漢名ふうだがじつは日本製。一条兼良の著と伝えられる室町時代の『尺素《せきそ》往来』に「沈丁華」とあるのが最初で、またこれが文献上ジンチョウゲが登場する最初だとされている。

ジンチョウゲ　ジンチョウゲ科、ジンチョウゲ属の常緑低木。原産地は中国長江周辺以南。日本でも寒冷地での露地栽培は不可。成木の移植は難しい。品種にはシロバナジンチョウゲ、うすいろジンチョウゲ、フクリン（覆輪）ジンチョウゲなどがある。

沈香はアクイラリア・アガロカなどジンチョウゲ科の数種の樹木の材が土中に埋まり、樹脂が侵出して変化を起こしたもので、その名は比重が大きいため水に沈むのによる。古来香木として知られ、古くから日本にも入っていて、正倉院の宝物として有名な蘭奢待《らんじゃたい》もその一つである。そういうことから沈丁花の名が付けられたのだろう。

おもしろいのは次の歌である。

「沈丁花汝が香をかげば幻に／うなじにありぬ／やはら手枕」　与謝野鉄幹

エロチックな内容だが、これは単に甘い香りだからということではない。びんつけ油として有名な伽羅《きゃら》油の香りからきているのだろう。

伽羅は沈香の高級品の名で、江戸時代からびんつけ油の名に使われている。ただし実際には沈香は入っていず、丁字や白檀《だん》、竜脳、麝香《じゃこう》などを使って似た香りが作られていたという。

もちろんこんな伽羅油をふんだんに使ったのは玄人《くろうと》筋である。その種のちまたでの学習が条件反射を呼び起こしたということでは。

なおこの花が茶花はもちろん、古い生け花書でも禁花とされていることが多いという。これもこんな性的連想を誘発するためかもしれない。

茶も花も明治以前は「男のすなるもの」だったため、狭い茶室に香りが充満すると、問題が多いということかも。それに昔は衆道も盛んだった。

ジンチョウゲの花の芳香の主成分はクマリン系のダフネチンやダフニンという物質だという。ダフニンは有毒であるけれど、漢方では花を瑞香花と呼び、乳がん初期、歯痛、咽喉痛、神経痛の薬にするそうである。

この花の香りで、私が思い出すのは一時こっていた花風呂。

友人の庭からロウバイや梅の花、ときに秋の菊をせしめて、湯に浮かべた。でも毎年「ちょうだい」と求めれば嫌われる。結局いちばん楽しんだのは庭のジンチョウゲの花だった。

ただし私の場合は、鉄幹のような色っぽい連想の故にではない。だって時代が遅かったため学習できなかったと言えば聞こえはいいが、そんな場所にいく甲斐性もない。

ところでこの木で案外知られていないのは、雌雄異株であることだ。ただしその雌雄は花を見ただけでは区別できない。両方ともに雌しべも雄しべもあるからだ。

しかも不思議なことに、日本にあるのはほとんどが雄株だという。ただしまれに六月ごろ赤い果実をつけるのがあり、その時はじめて雌株だと判明するのだそうである。

なお日本への渡来は室町時代とされているが、興味深いのは『中国高等植物図鑑』に、樹皮の繊維から紙や人造綿を造ると載っていることである。確かにジンチョウゲの樹皮の繊維は強い。せん定する時も、なかなかすぱっと切れない。

その点で気になるのは、同科のミツマタも同じ頃に導入されていることだ。

もしかしたら最初は製紙原料として導入されたのかもしれない。でもその点ではミツマタのほうが断然優れていたため脱落し、観賞用になったのかも。

ソヨゴ

クチクラ層の厚さに由来

ソヨゴ（フクラシバ）
モチノキ科、モチノキ属の雌雄異株の常緑高木。分布は関東地方・新潟県以西の本州、四国、九州と中国中南部。花期は六〜七月、雄花序の花は三〜八個、雌花序は一個で白。花は小さく雌花で二ミリ、雄花で一・五ミリ。果実は赤だが、まれに黄色の果実があり、キミソヨゴという。内皮からはトリモチをとる。

ざわざわざわと葉がさわぐ。赤い果実はぶらりぶらぶら、コサックダンスのように、ときどきぴょんと跳ね踊る。果柄が長く、斜め上または横に突き出しているからである。

名は、葉が風で音をたて、そよぐためとされている。

そして別名にフクラシバというのがある。倉田悟著『植物と民俗』によると、この系統の名はソヨゴ以上に分布が広いそうで、フクラ、フクラシ、フクラモチという名もある。これらの名は、葉を火にくべると、表面がふくらむことによる。

【名によせて】

ソヨゴとフクラシバと名は異なれど、じつは由来は同じ。葉のクチクラ層が厚いのによる。

クチクラはラテン語だが、英語で言えばキューティクル。細胞の外側に分泌され、生物体を守るもの。植物の場合はクチンを主成分として、水分が過度に蒸発するのも防いでいる。

クチクラ層が厚い植物では、ツバキがよく知られる。でもツバキは葉が厚く、表面も滑らか。ところがソヨゴは、葉が薄く、しかも縁が波うち表面がざらついている。そのため風がくると、相互にこすれて葉がささやきだす。

葉がふくれるのも、温度が上がると葉肉の中の水分が沸騰して、クチクラ層が剥がれて浮き上がるからである。ただし直接強い炎を当てると、クチクラ層が弾け、パチンと音がする。

北原白秋に「焚火」と題したこんな詩がある。

落ち葉焚けばおもしろ
櫟《くぬぎ》の葉はふすふす
萱《かや》の葉はちょろちょろ
松の枯れ葉はぱちぱち

この詩のおもしろみは、実際の焚火の経験がないとぴんとこない。

でも最近では、町中では落ち葉焚きもおちおちできないそうである。知人の体験では、落ち葉焚きをしていたら、消防署に通報されて、消防車がやってきて、始末書を書かされたという。

そうなると、この詩なども歴史的産物ということになりそうだ。

それはともかく、キャンプなどでも枝や葉を上手に燃やすのはなかなか難しい。まして炊事や暖房のために燃やすとなると、生活上の大事な技術である。フクラシバなんて名は、そんな生活の中での観察から生まれたのだろう。

だから植物名には、燃やした時の特徴に由来するものが、わりとある。

例えば、生木を燃やすと泡が出ることからアワブキ。七度かまどに入れても燃えにくいという俗説のあるナナカマド。燃えた後に深く灰が残るというのでハイカブリ（ネジキの四国方言）など。

ところでこのソヨゴ、近畿地方ではアカマツ林などにありふれた木であるが、関東では極めて稀にしか見られない。

私がそれを知ったのはバブル時代である。

当時私は関東のゴルフ場造成の環境アセスメント調査のアルバイトを、いくつかした。そのほとんどはアカマツやコナラやクヌギの生える里山であったが、レポートを書く段になって初めて気がついた。近畿地方のそんな場所には必ず登場するソヨゴがないことを。

調査をしているときには、見たものを記載していくため、気が付かなかったのである。そのとき、植生を見る場合には、何が無いのかを考えることの重要性を知った。だけどこれはアリバイ証明が難しいのと同様になかなか難しい。だからこの国の山が自然林からスギ・ヒノキの植林に変わってしまったのも、スギ花粉症が問題になって初めて国民は知ることになった。

ソヨゴはモチノキやクロガネモチのように植えられることはあまりないが、葉音を楽しむのに各公園に一本なんてのも面白い、と思う。

子どもの遊びによせて

アケビ

雌しべは起きあがりこぼし

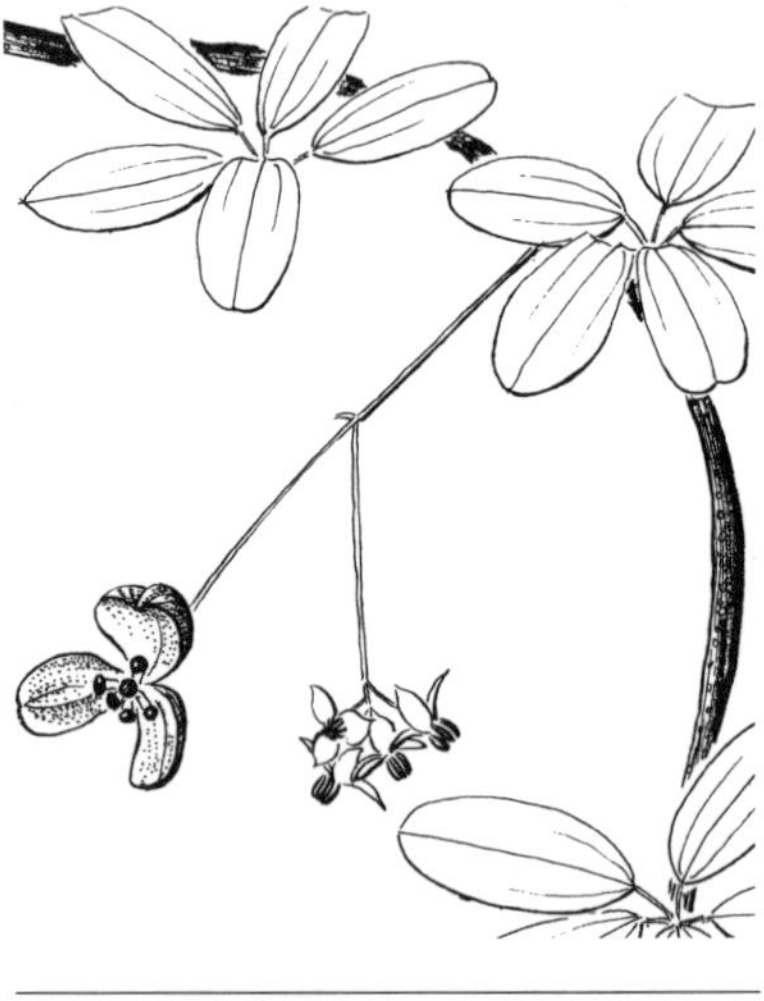

アケビ　アケビ科、アケビ属の落葉木本つる植物。分布は本州～九州。花期は四月。小葉五枚。ミツバアケビは小葉三枚で、縁に波状の大きな鋸歯。分布は北海道～九州。花色は濃い紅紫色。ゴヨウアケビはこの二つの雑種で、小葉は五枚で縁に波状の鋸歯が少しある。

「立て、立て、立って」と節をつけて唱えると、アケビの雌しべが起きあがりこぼしのように立ち上がった。その時、それを見ていた観察会のメンバーから、どっと歓声があがった。

この花は雌雄異花で、花弁を欠きガクが花弁状に色づく。

雄花は花序の先に集まって数個つき、色は淡紫色。雌しべは退化したのがわずかに残る。

雌花は大きく、長い花柄の先に一～二個つく。色は雄花より濃い紅紫色。質感は半透明で水ようかん風。こちらは逆に六本の退化した雄しべが残り、大きな雌しべが数本あり、先端は半円球になっていて、花粉がつきやすいように粘液で光っている。

この雌しべを花からはずし、手の甲に並べ、反対の手で手の横をとんとん叩くと、なぜか立ち上がる。そんな遊びを観察会のメンバーが披露したのである。

その人は鳥取県の米子市の出身で、花をルーペで見ているうちに、幼児のころの遊びを思い出したのだそうである。

私も挑戦してみた。立ち上がるのは雌しべだが、リズムを打つのは私。それがいつか感情移入を誘う。とんとんとんとん、とんとんとんとん、やがて気持ちが雌しべと一体化してくる。立ち上がった時には、思わずにやっとしてしまった。

子供を対象とした自然観察のインストラクターをしている知人の話では、最近は自然の中に連れ出しても、遊べない子が多いという。ただしそんな子も、何度か連れ出すうちに少しずつ遊べるようになる。でも危険防止の責任上父兄同伴になっているのが、ネックなのだという。正しい遊び方をやたら子供に指導しようとするのだそうである。

ところでこないだ新聞の投書欄に、バッタを跳ばす競技会のことを書き、このような遊びは「子供たちの発育のために大切」なんて書いたのが載っていた。

「××のために」にするなんて、遊びだろうか。『梁塵秘抄』には「遊びをせんとや生まれけむ。たわぶれせんとや生まれけむ。遊ぶ子どもの声聞けば、我が身さへこそ動《ゆる》がるれ」とある。

とんとんとん、とんとんとん、手のひらを叩くそのリズムに心が動ぐこと、遊びにとってはそれが全てだ。きっと遊べない子は遊べない親を写す鏡なのだろう。

オヒシバ
草相撲の植物学

オヒシバ　イネ科、オヒシバ属の一年草。アフリカからインド原産とされ、現在は世界中の熱帯〜温帯に広く生育する。熱帯地域では広く牧草として利用され、インドでは食糧不足のときに穂を雑穀として食べたという。花期は八〜十月。

甥が保育園のころ、オヒシバの草相撲を教えた。茎で穂を結び、結び目に相手の茎を通して引っぱり合い、切れたほうが負けという遊びだ。だが彼は何度挑戦しても負ける。でもそれは当然。だって私は近所の草相撲の横綱だったからだ。

英語ではグース・グラス（鵞鳥草）またはワイヤー・グラス（針金草）。漢名では牛筋草。両方ともこの草の強さを示した名であるが、日本でも別名はチカラグサ。『牧野新日本植物図鑑』によると、オヒシバは雄日芝の意味で、近縁のメヒシバに比べ大きくしっかりしているのよるという。なおメヒシバにも相撲草や相撲取り草の別名があり、草相撲にも使われたそうだが、なぜか私たちは根性なしの弱い草として馬鹿にしていた。

イネ科はケイ酸分を多く含み、それが細胞壁に沈積しプラントオパールという結晶をつくる。ケイ素と言えばガラスの原料である。だからイネ科の草は細くとも強い。縄をなう際に、わら打ちするのもそのためだ。またイネ科の葉でよく手を切るのも、細胞表面にガラス質の突起が鋸の刃のように並んでいるからである。

これが、大げさに言うなら、オヒシバによる草相撲の植物学的基礎付けである。

甥は負けるたび首をかしげていたが、強い個体を選ぶのも一つの技術（アート）である。

そこで十本ほど並べ、甥に新弟子を選ばせた。彼は単純に太いのを選んだ。だが私は指のはらで茎の硬さを推しはかって選んだ。当然私が勝った。これを会得するには、何十回という敗北の屈辱をあじあわねばならないということである。

ところで草相撲には、スミレやオオバコの花またカタバミやマツの葉を使う地方もある。だから俳句などに登場する「すまひ草」や「相撲取り草」の種類は簡単には決めがたい。

ただし次の句は、ほぼオヒシバだろう。

「道ほそし相撲とり草の花の露」　芭蕉
まず文月に詠んだとされていること。「道ほそし」と道路ぎわの草であること。それに早朝のイネ科の花穂に着く露は朝日に輝き美しいからである。

芭蕉翁も、幼少のころには草相撲で遊んだのだろうか。

ムラサキサギゴケ

オケーチョバナの話

ムラサキサギゴケ（サギゴケ）　ゴマノハグサ科、サギゴケ属の多年草。湿気のある田のあぜなとに群生する。分布は本州、四国、九州。サギゴケの名は江戸時代の白花品種に由来。自生のものは紫紅色。よく似たこれより小さいトキワハゼとは異なり、これは匍匐茎を出す。花期は四～五月。

この草には、山形県にベッチョバナ、岡山県にオケーチョウバナ（お開張花）、愛媛県にジョローバナ、ヨメハンバナ、チャワンワレバナなどの別名がある。

こんな名があるのは、この花を使った子供の遊びに由来するという。私は岡山県出身の婦人に教わったのだが、こんな遊びである。

この花は雌しべの柱頭が蝶番のような形をし、受粉前には開いている。ところがこれに虫が触れると、瞬時に口を閉じて花粉をはさむ。これは受粉をより確実にするシステムであるが、松葉や草の茎などで触っても、反応して閉じる。

そこで幼児たちは、触れては閉じさせるという遊びを繰り返した。さらにパンツをはいていない時代、女の幼児たちはその真似をして遊んだという。

話はとぶが、円山応挙に『百蝶図』という作品がある。

ある時、図書館で応挙の画集をめくっていたら、その絵に出会った。

これは春の野に多くの種類の蝶が舞う姿を描いたもので、鳥や魚や貝など同じ仲間を並べて描く当時流行したスタイルの絵だそうであるが、それを見て驚いた。

背景に描かれた野原の草花が、近年欧米で盛んになってきた生態学をふまえて描くワイルドライフ・アートに近い感じのものだったからである。

日本のこの種の絵は、たいてい庭の花も野の花もごっちゃに描かれる。ところがこの絵は田園周辺の植生の組み合わせも、ほぼ正確に描かれていた。

菜の花、タンポポ、レンゲ、スミレなどの時には伝統的な絵に登場するものもあったが、ハハコグサ、カラスノエンドウ、スイバ、スズメノテッポウ、イタドリなど、ふつう登場しない草も描かれ、その中にムラサキサギゴケもあった。

この絵は、主題の蝶に関しては展翅標本じみたところもあり、そう感心しなかった。ところが、背景の草花は主題の束縛にとらわれず自由に描かれていた。

描かれた草花一つ一つに、応挙のまなざしがあった。また視線も子どものように低い。彼は子ども時代の草を使った遊びを思い出していたのかもしれない。

スベリヒユ

根はよっぱらって赤くなる

スベリヒユ　スベリヒユ科、スベリヒユ属の一年草。全土の畑地や市街地などに生える。世界中の温帯～熱帯に広がっている雑草。花は七～九月、枝先に数個つき、花弁は黄色で散りやすい。果実は烏帽子形で、横に裂開し上部がふたのようにはずれ、黒く小さな種子を散布する。

この草には、ヨッパライグサやサケノミグサやタコクサなんて妙な別名がある。調べてみたら、これらの名はこの草の白くて太い根をしごいて真っ赤にするという子供の遊びに由来するのだという。

これは根に含まれたアントシアン色素が細胞液に含まれるシュウ酸によって赤く発色するという化学反応を利用したものであるが、アントシアンは酸に溶け出す性質もある。だから二十日ダイコンの酢の物を放置しておくと、皮の赤い色素が溶け出し酢が赤く染まる。

スベリヒユの場合は、根をしごくと細胞壁が壊れ細胞液内のシュウ酸が出てくるというわけだ。

私もずっと昔、野良仕事のあと、これで手をこすればアクが落ちると、農家の人に教わったことがある。この場合は手に染まったアクをシュウ酸で洗い落とすわけだ。雑草抜きは子供にもできる仕事。その中で見つけた遊びなのだろう。

ところで、スベリヒユは世界の各地で食用野草として利用されている。

日本でも古くから食べられていて、万葉集のイハヰヅラがこれではないかと言われている。

「入間道の於保屋が原のいはゐつら引かねばぬるぬる我らな絶えそね」（東歌、三三七八）

ただしこれには他の草だという異説もある。

文献上の確かな例は、平安時代の『和名抄』の野菜類の条に、ウマヒユの名で載るのが最初だとされている。なおこの名は漢名の馬歯莧に由来し、葉が馬の歯に似ることから付いたという。

おもしろいのは、ヨーロッパではこれを改良したタチスベリヒユという品種があり、栽培されていることである。だいぶ前テレビの旅行番組を見ていたら、フランスのコートダジュールの市場に並んだ野菜のアップが出てきて、その中にスベリヒユが映っていた。

そこで青葉高著『野菜の日本史』を調べてみたら、十六世紀にフランスやイタリアでタチスベリヒユが改良されたとあり、野生型が地面を這うのに対して立性で大型となり、草丈は五〇センチもあるとあった。テレビ画面のはこれにちがいない。

このタチスベリヒユはヨーロッパではサラダにするという。味を試してみたいと思いデパートの西洋野菜売り場で捜してみたが、置いていなかった。

ホオズキ

根は堕胎の薬に

ホオズキ　ナス科、ホオズキ属の多年草。アジア原産とされるが、原産地は不明。地下に長い根茎があり芽を出し群生する。花期は六〜七月、葉腋に一つずつ下向きにさかずき形の白い花をつける。日本に渡来した時期は不明だが、古く紀記に八岐の大蛇の目の赤く輝くさまの形容として登場する。

私の子供時代には、この実を鳴らして遊ぶのが女の子の遊びの定番の一つであった。そこでホオズキ遊びについて調べてみたら、いろいろ面白いことが出てきた。

まずはこの遊びの起源が思いがけなく古いことで、平安時代の『栄花物語』にも登場する。また『枕草子』でも、「大きにてよきもの」の中に、ホオズキが出てくる。

引っ掛かったのは、江戸をはじめ関東では、実を鳴らす遊びで種をもみ出す時に、「根はねんねん出ろ、種はたんねん出ろ」と唱えたと載っていたことだ。と言うのは、ホオズキの根はその昔堕胎に利用されていたからである。

私がそれを知ったのは、高校時代に長塚節の『土』を読んだときである。主人公の貧農の妻が子供をおろすためホオズキの根茎を子宮に入れ、傷が化膿して死んだとあった。

そこで戦前製薬会社の「わかもと」に勤めていた父に聞いてみた。すると「町の場合は中条流の医者や産婆に頼んだけど、田舎の場合は素人の母親とか近所の婆さんがおろしたから、消毒が不十分やったんやろ」と返ってきた。

中条流とは堕胎専門の女医で、非合法の医療。でも都会では滅法繁盛していたらしい。

「中条はむごったらしい蔵を建て」　江戸川柳

堕胎に用いられたのは、根茎が子宮収縮作用のある成分を含むからだが、根茎を乾燥したものは酸漿根《さんしょうこん》と呼ばれ、利尿剤、小児の解熱、頭痛、腹痛、のどの薬などにも使われたという。

子供たちの唱えごとも、これを背景にしているのだろうか。

またホオズキの実は民俗的な風習にも、いろいろ使われた。

七夕や盆の飾りに用い、盆の精霊迎えにはホオズキ提灯が作られ、それは鬼灯と書かれる。またこれを屋敷に植えると病人や死人が出るとして、忌むところも各地にあるという。

さらにホウズキ栽培は江戸時代に大流行し、一時は江戸の町のホオズキ売りが幕府に禁止されたほどだったそうだ。

じつは有名な浅草の浅草寺境内のほおずき市も、そんなホオズキブームの中で生まれたものだという。それ以前には雷除けとして赤トウモロコシを売っていたのだが、ブームに便乗して乗り替えたのだそうである。

感心したのは、北陸地方のこんな子供のなぞなぞ。

「はじめは青蚊帳青坊さん、あとには赤御堂赤坊さん。なぁ〜に」　福井県
「六角堂に小僧ひとり、参りがなくて戸が開かん。なぁ〜に」　富山県
『なぞなぞの本』（福音館日曜日文庫）に載っていたものだが、これには子供たちの鋭い観察眼が生きている。

花が終わるとガクは見る見るうちにふくれてくる。それを蚊帳に見立てたわけだ。青蚊帳に見立てたのは蚊帳の色が青や緑に染められていたからだが、同時にこのガクがよく虫に食われてレース状になることがあるからだろう。

面白いのは「戸が開かん」という指摘だ。子供たちはただ見たままを述べただけなのだろうが、考えれば鋭い問題提起でもある。

果実は鳥などに食われることで、種子を散布する。だから「参りがなくて」は困るはず。そう考えると、赤く色付き動物にアピールしながら、食われるのを邪魔しているのは不思議。鳥の立場に立てば、「その気にさせて、いじわるね」ということになる。この秘密を解くカギは、ホオズキの原産地での生活にあるのだろうか。

なおここでは六角堂と言っているが、正確に言えばガクは五弁でペンタゴンである。

マユミ

弓からパチンコへ

マユミ　ニシキギ科、ニシキギ属の落葉小高木。分布は北海道～九州。暖帯および温帯の山地にふつうに生える。花期は五～六月、花は多数つけるが、小さく黄緑色。果実は四稜あり、秋に熟すと淡紅色になる。種子は各室に一個で、赤い仮種皮につつまれる。

この果実の裂開した姿を見ると、私はつい括猿《くくりざる》を連想する。括猿とは庚申《かのえさる》にちなみ、庚申《こうしん》堂に吊される猿のぬいぐるみのこと。幼児のころ奈良の親類に遊びに行った時、それを従兄弟と庚申堂から失敬し、ひどくしかられたことがある。それと形が似ているからである。

マユミは万葉集には十二首出てくる。ただし次の一首を除き全て弓を詠んだものである。

「南淵の細川山に立つ檀／弓束《ゆつか》巻くまで人に知らえじ」（一三三〇）

これは弓材のイメージが強かったからだろう。名も真弓である。古く『古事記』にも「梓《あづさ》弓檀弓、い伐らむと……」とある。ただし檀の字は、日本で誤って当てたものとされている。檀と言えば、たいていの本に書かれているのが、この樹皮からすいたとされる檀《だん》紙。だけどいま檀紙と呼ばれる紙の原料はコウゾである。そこで昔はマユミを使ったのだが、早くにすたれて名だけ残ったという説や、コマユミが原料だったという説もある。

ただし麓次郎著『四季の花辞典』によると、檀紙や真弓紙がすかれたことは、正倉院文書の天平勝宝時代の文書にはっきり記載されているという。

でもマユミの繊維は短くしかも弱い。なのにどうしてマユミを使ったのか、おそらく増量のためか質感のために入れたということだろうが、その理由ははっきりしない。

なお檀紙は平安時代には陸奥《みちのく》紙または陸奥国紙と呼ばれた。『源氏物語』の末摘花の章にも「陸奥国紙の厚肥えたるに」と出てくる。

マユミが観賞の対象として登場するのは平安時代からである。だが和歌では、相変わらず弓としてのマユミが多用され、植物としてのそれを詠んだものは少ない。

ただし清少納言は『枕草子』の「花の木ならぬは」の段で、たそばの木（アカメモチ）の赤芽をめずらしと言い、「まゆみ、さらにも言はず」と、紅葉をほめている。また『和泉式部日記』にも「まゆみのすこしもみぢたるを折らせたまひて」とある。平安時代には、マユミと言えば紅葉を愛でるものだったようである。

不思議なのは、果実が全く登場してこないことだ。

これには、私は一つの仮説がある。

マユミにはシラミコロシやカワクマツヅラという別名がある。シラミコロシは果実をシラミ退治に用いたからだ。クマツヅラもよく知られた薬用植物で、皮膚病に使われた草である。だけどマユミとクマツヅラとは外見は全く似ていない。なのにそんな名が付けられたのは、おそらく両者の利用面に共通性があったからだろう。

平安貴族の女性はあれだけ長く髪をのばしていたのだから、シラミ退治には苦労したはず。また皮膚病にも苦しめられたはず。すると当然マユミの実にも世話になったにちがいない。だから和歌に詠む気にはならなかったということではなかろうか。

ところで、数年前に真弓の伝統が妙なかたちで伝承されていたのを友人から教えてもらった。

友人は大阪北部の箕面に住む人から聞いたのだそうだが、マユミの枝をゴムパチンコに使ったというのである。

マユミは太い枝が対生に出る。そこで主軸の先端を切り、対生に出た枝の両端にゴムをつけたのだそうだ。枝に弾力があり最高の素材だと、その人はさかんに強調していたそうである。

おもに狙ったのは寒スズメなどの小鳥だという。もちろん戦前から戦時中のこと、目的は食うためである。

狩猟具として、まさに真弓の伝統が脈々と受け継がれていた、というのが愉快。

ジャノヒゲ

竹鉄砲の玉

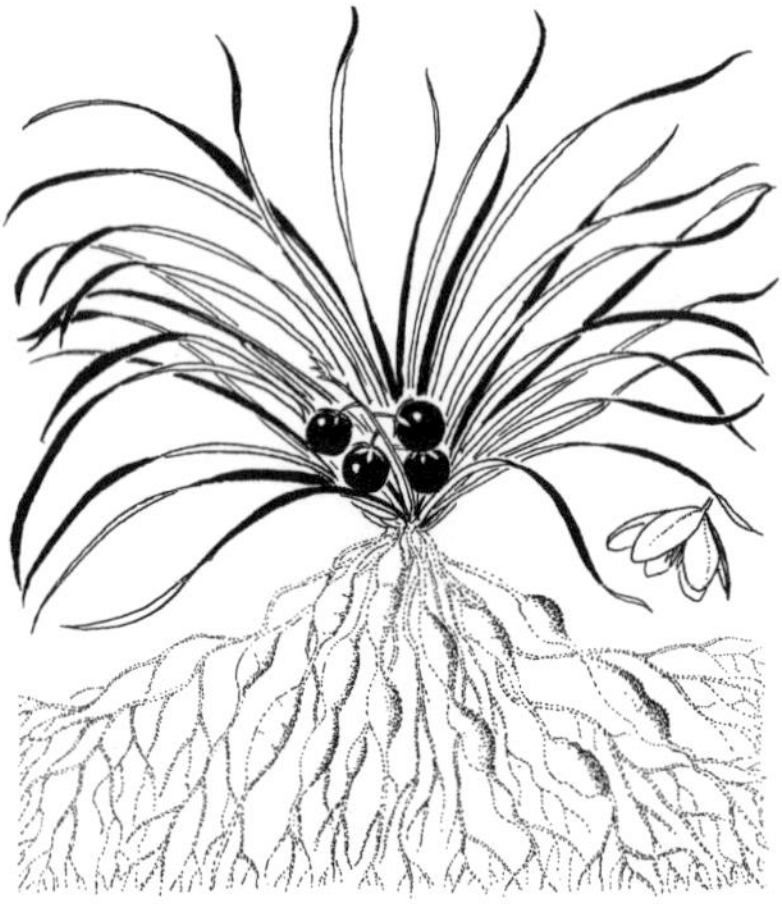

ジャノヒゲ（リュウノヒゲ）　ユリ科、ジャノヒゲ属の多年草。分布は北海道西南部以南の日本全土、朝鮮、中国、インドシナ北部、インド北部。花期は七〜八月、一〇センチほどの花茎に淡紫色の花を総状につける。根に球状のこぶができ、漢方薬の麦門冬はこれを乾燥したもの。

この草のるり色の実を見ると、思い出すのは幼い頃の竹鉄砲。田舎ではスギの雌花やヤマブキの髄を玉にしたという。しかし大阪の町中の私たちは普通は紙をくちゃくちゃかんで玉にしていた。ただ秋から冬にかけては、この実を使った。もちろんこれを植えている家から失敬してくるのである。

ただしこの実は一見果実に見えるが、じつは種子。果実は発生の過程で萎縮し消えてしまうのだそうである。だけどこの種子は果実の機能もはたしている。るり色の外皮は薄いけれど、その内側には白い果肉状の層をもっている。

もっとも、その果肉は味もそっけもない。それに層もうすい。

以来この実を食べるのは何だろう、とずっと疑問に思っていた。ところが数年前の正月、京都の山里に住む当時七才の甥と散歩していたら、その謎の一端が明かになった。

甥がたちどまり、「タヌキのうんこや。ほろほろ玉が入ってる」と言った。見るとジャノヒゲの丸く白い種子をいっぱい含んだ獣の糞が落ちていた。なお「ほろほろ玉」とはジャノヒゲの種子を、その地方で呼ぶ名だそうである。

早速、動物の行動を研究している知人に電話した。と言うのは「タヌキのためぐそ」という言葉があるように、タヌキは一カ所に糞をする習性があるからだ。

ところが聞いてみると、それだけでもないらしい。また糞の形状や大きさの私の説明からは、テンの可能性もあるということだった。

知人はさらに、敗戦直後の子供時代には、この実は鳥をとるのにも使ったと教えてくれた。捕まるのはツグミやシロハラやルリビタキなどツグミ科の鳥が多かったという。もちろんその時代のこと、捕まえるのは食うためである。

ジャノヒゲの実は山でも遅くまで残っている。が、春になると消えている。そこで春近くになって食ってみたら、ほのかに甘かった。

その頃には山の食料も少なくなっている。しかたなく鳥や獣も食べるらしい。ジャノヒゲもなかなか知恵者である。

シャリンバイ

奄美語でティーチキ

シャリンバイ　バラ科、シャリンバイ属の常緑低木。宮城、山形県以南の本州と四国、九州、小笠原、琉球の海岸に生える。名は葉が枝の上部に密生し輪生状になるのを、車輪に見立てたもの。花期は五月、白く枝先に群がってつく。乾燥と排気ガスに強いため、都市の植え込みによく使われる。

この奄美語の名を知ったのは、ゴムパチンコを使った戦争ごっこの時である。もちろんなんでも禁止したがる学校からは、危険防止を口実に禁止されていた。でも当時はまだ地域の子ども社会がしっかりあって、玉には木の実だけを使うと決められていた。だからこの遊びがはやりだすと、町から木の実が消えていった。

ある冬、ナンテンの実をとってばあさんに追っかけられ、下駄の鼻緒が切れてつかまり、「喉の薬にするんや」と、どやしつけられた。そしてナンテンの薬効を覚えた。

ある時、「ええ実を見つけた」と言う子についていったら、夕方になるとテネシーワルツのピアノが聞こえてくる医院の前の植え込みの木に、黒い実がついていた。

でも誰もその名を知らない。すると、夏休みにパスポートを持って奄美に帰省したのを自慢していた子が言った。「これはティーチキと言うんや」

思えば、サンフランシスコ条約による独立後も、奄美が琉球諸島同様に数年間米軍占領下にあった頃である。

彼については、ほかにも思い出がある。玉に当れば死ぬ決まりになっていたのであるが、そのとき彼は目をむいて、きまってこんな歌を大声で歌ったからである。

「敵にはあれどなきがらに／花を手向けてねんごろに／興安嶺よいざさらば」

早速みんなまねをした。そして戦いにおける美学というものを知った。

だがこの軍歌は、敗戦の坂を転がり出したころには禁止されたはず、と。これは薬品会社の上海支店から裸一貫で引き揚げてきた父から教わった。そして、敗戦後の軍隊は国民をほっぽらかして「転進」することも教わった。

それからずっと後、染色の本を読んでいたら、大島紬の泥染めにはシャリンバイの樹皮の煮出し液で染めるとあった。

泥染めとは鉄分の多い泥土を媒染剤として発色させる奄美独特の染色法だが、その註に奄美大島ではシャリンバイをティーチキと呼ぶとあった。

その時気が付いた。その子の家でも、おばあさんか誰かが大島紬の仕事をしていたのだ、と。

ウツボグサ

花の蜜を吸う遊び

ウツボグサ　シソ科、ウツボグサ属の多年草。分布は日本、中国、シベリア。低地や山地の草原や林縁に生え、田の畦などにも多い。別名のカコソウ(夏枯草)は、開花後花穂がすぐ茶色になるため。陰干しにし煎じて利尿剤にした。花期は六〜八月、色は青紫であるが、まれに赤紫もある。

「パイナップルの花や」と五才の甥が叫ぶ。ふり返ると、ウツボグサの花束を握っていた。「どこがパイナップル」とたずねると、花穂をちぎって差し出した。手にとり眺めると、大きな苞が花軸にラセン形に重なった姿は、確かにパイナップルに似ていなくもない。「ほんまにパイナップルか、食べてみるわ」と言いつつ、花を抜いてちゅうちゅう吸って見せ、おもむろに「ほんまに甘いわ」と言った。この花の蜜は花筒の奥に分泌される。子供のころ、春に濃いピンクの花をつけるホトケノザの蜜を吸って遊んだのを思い出したのである。

それを見て、甥も花をぬいて、蜜を吸い出した。

帰り道、「ほんとにパイナップルやったね」と、甥は自分の発見に鼻高々。

ところが帰宅し宇都宮貞子著『草木おぼえ書』を開くと、信州の各地でも、スイバナ（吸花）、ミツバナ、ミツスイバナなどと呼び、蜜を吸って子どもが遊ぶと載っていた。私の蜜吸い遊びにも、元祖があったわけである。

またマツカサソウとかカッコバナ（信州方言で松カッコは松カサ）の名も載っていた。甥の発見した「パイナップルの花」にも、元祖があったわけである。パイン・アップルも松カサに見立てた命名だから、文字通りの元祖だ。古今東西、子供のものの捉え方は、ずばっと直接的である。

なおウツボグサも、花穂に注目し矢を入れる靫《うつぼ》に見立てたものとされるが、こちらは今では縷々《るる》説明しないと通じない。

ところでヨーロッパにはヨーロッパウツボグサが分布し、英語ではセルフヒールと呼ばれる。ヒールは今流行のヒーリングすなわち「癒し」である。こんな名があるのは、葉を噛《か》んで打ち身や切り傷につけて治療に用いたからだという。

さらに新葉はサラダにするという。そこで試してみたが、まずかった。ただし青い花をサラダに散らし、流行のエディブル・フラワーと洒落てみるのは、お勧め。

でもテレビのように、栄養は?と問われても困る。何に効くかと問われれば、なお困る。「あ～おいサラダ、あ～おいサラダ」と、甥が喜んだ。それで充分。人は栄養のみによって食べるにあらず?だもの。

フシグロセンノウ

花をままごとのお膳に

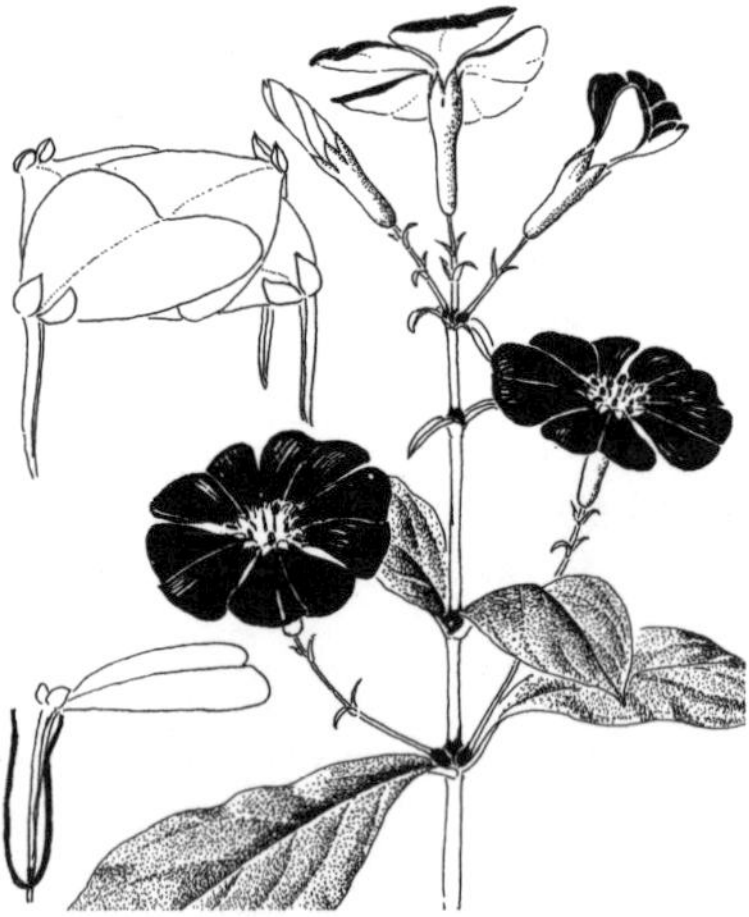

フシグロセンノウ（オウサカソウ・逢坂草）
ナデシコ科、センノウ属の多年草。本州〜九州の山地の林下に生え、伸びると倒れ、節から発根して増殖する。花期は七〜十月、花は径五センチで、朱赤色。名は各節の部分がふくれて黒紫色に色付くことからという。センノウは仙翁で同属の中国渡来の園芸植物。

斎藤たまさんの『野にあそぶ』という労作がある。この本は昔の子供たちの遊ぶ姿を日本各地にたずね、老人たちに取材したのを再現・記録したものであるが、それを読んでいて、あっと驚いた。フシグロセンノウの別名にあるゼンバナやオゼンバナやゼンコバナの名の由来について記されていたからである。

私は子供時代からこの花が好きで、いろいろ調べてみたことがある。そのとき、方言としてこれらの名も出てきた。そこでその由来を調べてみたのだが、どうしてもわからなかった。

ところがこの本に、これらの名は子供の遊びに由来するのだと載っていた。

この花の花弁は、上部が広く開出し、下部は急に細くなっている。アヤメ属の花も同じような形をしているが、植物学用語では花弁の上部の広い部分を舷《げん》、下部の細長い部分を爪《つめ》と呼ぶ。しかもこの花では、舷に対し爪は直角に曲がり、長いガク筒に収められている（図左下図）。

そのガク筒を切り開き花弁をとりだし、舷をなめて四枚をくっつけ、下部の爪を足に見立てて朱塗りのお膳を作り、それをままごとに使ったことからきているのだそうだ（図左上図）。

早速採集にでかけ、実際に作ってみた。

そして気が付いたのは、これは長い爪があり、それが直角に曲がるという特殊な形の花弁だからこそ成り立つ遊びだということである。

このような形の花は植物学用語ではナデシコ形花冠と呼ばれ、ナデシコ科のナデシコ亜科に特有の形とされている。つまり単に花色が朱色だからというだけではなかったわけだ。

それより感心したのは、舷部が爪部に替わるのど口にある付属体と呼ばれる飾りが膳の縁になっていたことだ。この付属体のあることは、ナデシコ亜科でもセンノウ属だけの特徴である。

この花の観察からお膳を発見したのか、逆にお膳の見立てに合う花を捜していてフシグロセンノウを発見したのか。

どちらにしても、子供の鋭い観察力にはまたまた脱帽である。

ただしこのお膳、少し重いものを乗せたら脚が折れる。

ヨウシュヤマゴボウ

果汁をインクに

ヨウシュヤマゴボウ（アメリカヤマゴボウ）
ヤマゴボウ科、ヤマゴボウ属の多年草。北米原産で、明治はじめに渡来。花は夏、白い小さな花を連ねた花穂をつける。果実が熟すと、果穂が重みで垂れる。その点が古く中国から渡来したヤマゴボウや自生のマルミノヤマゴボウとのちがい。

近所の空き地にヨウシュ（洋種）ヤマゴボウが鮮やかなマジェンタ色の実をつけていた。

この仲間では、他に中国から薬用として入ったヤマゴボウと自生のマルミノヤマゴボウがある。前者は栽培種だが、まれに野生化し、後者は関東以西〜九州の山地に分布する。だけどこの二つは滅多に見られない。だからただヤマゴボウと言われる場合も、実際にはこのヨウシュヤマゴボウを指していることがままある。またキク科のオヤマボクチやモリアザミにもヤマゴボウの名があり、これらとの混同もよくある。

ところで、ヨウシュヤマゴボウの渡来は明治初期とされているが、現在のように広がったのは戦後のことらしい。永井荷風は随筆『葛飾土産』の荒川流域を歩いたときの文に、「山牛蒡の葉と茎とその実の霜に染められた臙脂色のうつくしさは、去年の秋わたくしの初めて見たものである」と記している。これは茎が臙脂色だからヨウシュヤマゴボウ、先の二つは緑色である。

荷風が歩いたのは、戦災で東京を焼け出され埼玉県市川市に移り住んだ昭和二十二年。荷風はその目新しい草に、戦後という時代を感じて記したのだろう。おそらく戦後のヨウシュヤマゴボウは、進駐軍などから入ってきた系統にちがいない。

じつは私も、この実を見ると幼児期の戦後という時代を思い出す。この果汁の赤紫色は濃く、アメリカ語ではインクベリーと呼ばれる。私たちもこれで字を書いたり紙を染めて遊んだ。

だけど最も記憶に残るのは、インディアンの扮装に使ったことだ。当時はアメリカ製西部劇の全盛時代。エロール・フリンのカスター将軍などに胸をおどらせ、騎兵隊ごっこなるものがはやった。騎兵隊役は上級生、下級生や幼児はこの液で顔に線を引かれ、アパッチ族やスー族やシャイアン族にさせられた。

ところで、かってアメリカではこの草の果汁を赤ワインの色づけに用いたり、新芽をアスパラガスのように食べたという。ただし現在の本では有毒植物として載せられ、とくに根の毒は強いとある。また赤ワインの色付けも今では禁止されているそうである。

きっと昔は何かうまい毒抜きの工夫があったのだろう。

オシロイバナ

四時に咲く花

オシロイバナ　オシロイバナ科、オシロイバナ属の一年草。ただし暖地では根が残り、翌年それから育ち、二メートルにもなる。栽培の場合は、四月に種をまく。

この花を見ると、インディアンごっこを思い出す。

花は秋まで咲き続け、つぎつぎと黒い実をつける。割ると中に白い粉の固まりがある。それを瓦の上に載せ、少し水をたらし石ですりつぶし、どろどろにして指で顔に塗った。

ただしこの黒い実は植物学上の果実ではない。この花には花弁が無く一見花弁状のものはガク、そのガクの下部が硬化したものだとされている。

植物学でいう果実は、中のうす茶色の皮に包まれたもの。と言っても果肉はなく、うす茶色の皮は果皮と種皮とが一体化したものだという。

白い粉は胚乳。つまりぬかを除いた米と同じもの。ただしこれは米と異なり組織が柔らかいので、押せば簡単につぶれる。

また五弁の一見ガク状にみえるものは苞《ほう》。この苞は開花時にはガクを包んでいるが、果実が熟すと平らに開く。そこで子供の頃私たちはそれを仏様と呼んでいた。果実が仏像、苞が蓮華の見立てだ。でも今思えば、誰がそんなうまい名をつけたのだろう。

私の子供のころは西部劇映画全盛の時代。場末の三本立て映画館では、そのうち一本はたいてい西部劇映画だったほどである。おそらくフィルムの借り賃も安かったのだろう。

もちろんベトナム戦争以前、映画界にもマッカーシー旋風が吹き荒れ、チャップリンがハリウッドから追い立てられた、人権もくそもない時代であった。

インディアン（ネイティブ・アメリカン）は虫けらのように殺され、難民となって追い立てられ、居留地に押し込められた。だから西部劇ごっこの主役はあくまで、騎兵隊やガンマンであった。

ただし今ふうに言えばテロで反撃したアパッチ族の酋長ジェロニモやカスター中佐率いる騎兵隊を全滅させたスー族（現在の呼び名はオグララ・ラコタ族）の酋長クレージーホースには、案外人気があった。また中には、先の大戦で伯父がアメリカに殺された子もいた。

花は夕方に開き、英名はずばりフォー・オクロック。

日本にも同じように夕錦や夕化粧の別名があり、中国にも四打鐘や吃飯花の名があり、四打鐘はフォー・オクロックの中国訳だといい、吃飯は喫飯と同じで、食事時の花という意味だ。ただし現在の中国の正式名は紫茉莉というそうである。

これが昔からよく植えられたのは、時計のない時代、それが目的だったのかもしれない。ではなぜ夕方咲くのだろう、と調べてみた。

直接オシロイバナについて書いた本は見つからなかったが、田中修著『つぼみたちの生涯』（中公新書）によれば、前日の決まった時刻にスイッチが入り、その時から時を刻みはじめ、一定の時間がたつと開花するシステムになっているらしい。なおスイッチが入る時刻の決定には、前々日から前日にかけての「暗くなる」という刺激が重要な働きをしているのだそうである。

ところで、この花は昔はどこでも見られたため、日本産と思っている人が多いが、じつは熱帯アメリカの原産で、科のオシロイバナ科も日本にはない。

ただし十七世紀末の貝原益軒の『花譜』に載るから、渡来はわりと早い。

でも最近は、昔のようには見かけなくなった。昔多かったのは都会にも空き地があり、道路も地道が多かったからだろう。これは一度植えると、こぼれ種から毎年育ってくる。その意味では、オシロイバナの減少は都市の土地利用の変遷と結び付いている。

はや短日の暮れ近し。

「晩ご飯や、早よお帰り」の叫び声。「花いちもんめ」の遊び声。

それらはもう私の記憶の中だけ。

下町育ちの私には、「ふるさとまとめて」とっくに消えた。

ニッケイ
駄菓子屋の植物学

ニッケイ　クスノキ科、ニッケイ属の常緑高木。自生の分布は沖縄島北部、久米島、徳之島。花期は五〜六月、花は淡黄緑色。果実は大きさ一一ミリの楕円形で黒紫色に熟す。高知や九州の暖地では、栽培品の野生化したものも時々見られる。

数年前、高知県の山の中でニッケイを見かけた。最初ヤブニッケイかと思ったが、葉の幅が狭く、葉の裏の葉脈の縁に細かい伏毛があった。それに葉を噛んでみると、キーンと懐かしい香りがした。

でも私にはニッケイよりニッキのほうがぴんとくる。駄菓子屋では、そう呼ばれていたからだ。駄菓子屋のニッキ菓子と言えば、まずはニッキ棒。これは樹皮や根を赤い紙で束ねたもの。金子みすゞの童謡にも「のぞきの唄よ瓦斯《ガス》の灯よ／赤い帯した肉桂よ」とある。これはただ、ひたすらしがむ。すると独特の香りと甘みが、口の中に広がってくる。

次に紙ニッキ。原色に染めた紙にニッキエキスと甘味料を染み込ませたもの。北原白秋も「肉桂紙」と題した詩に、「噛めばうれしい、泣かれます／弟をつねるより強く」と書いている。「つねるより」は舌がしびれてくるという意味だろう。そして舌が赤や青に下品に染まる。

さらにニッキ水。これはニッキエキス入りの甘い水を原色に染め、ひょうたん型の薄いガラス瓶に入れたもの。ラムネはもちろんミカン水よりも安かった。

またハマグリの貝殻に入った貝ニッキというのもあった。

ニッケイの名は漢名の肉桂に由来するが、本来の肉桂はカシアまたはトンキンニッケイと呼ばれる日本のニッケイとは別種の樹である。

肉桂の樹皮や根皮は桂皮と呼ばれ、古くから薬や香料として中国から輸入されてきた。京都の有名な菓子〝八つ橋〟に用いられているのはこれだという。

だけど輸入品の桂皮は高い。そこで成分も香りも似た国産のニッケイの栽培が享保年間（十八世紀前半）に始まり、九州、土佐、紀州などの暖地を中心に広がっていったという。天保年間出版の大蔵永常の『広益国産考』（岩波文庫）にも、「高知肉桂とて用いざる国はなし」とある。

そう言えば高知には、ニッキ味のカツオ飴という菓子がある。子どもの頃、高知にあった親類からよく土産にもらい、アンチモンで作った槌《つち》で割って食べたものである。

ところで日本で栽培されているニッケイであるが、かつては江戸時代に中国から導入されたとされていたが、七〇年代に沖縄北部の山中で発見されたのが同じ種と確認されてから、それが原種だとされるようになった。

シナモンも同属だが、こちらは熱帯アジア原産のセイロンニッケイが原料。

これは古くからインドからイスラム圏経由でヨーロッパに輸出され、コショウ、丁字（クローブ）とともに三大スパイスの一つとされている。

中世のヨーロッパでは、ヴネチュア商人がその交易ルートを握り、それらのスパイス輸入から得る利益が都市国家ヴネチュアを支えていたという。

そしてその権益の獲得をめぐって大航海時代がはじまり、ポルトガル、スペイン、オランダ、イギリスと、つぎつぎに争奪戦が繰りひろげられた。

江戸幕府が開かれた十七世紀はじめには、オランダが東アジアの覇権を確立した。そこで江戸時代には、南方の香料やスパイスはオランダ経由で日本に輸入されるようになった。

ところが、丁字は髪や化粧の香料としてかなり輸入されたのに、シナモンはあまり輸入されなかったという。これはすでに中国の肉桂が国内に広がっていたからだろう。

本格的に日本に入ってきたのは、明治になって舶来香料としてである。だからケーキやシナモン・ティーに使われても、駄菓子には使われない。

つまりニッキとは生まれも育ちもちがう。

だから私は未だにシナモンはもちろん〝八つ橋〟も、どこかなじめない。

所詮おいらは駄菓子屋育ち。舌は育ちを隠せない。

トウモロコシ

キビガラ細工の植物学

トウモロコシ　イネ科、トウモロコシ属の一年草の栽培植物。日本には戦国時代の一五七九年（天正七年）に渡来したとされる。しかし本格的栽培が始まったのは明治初年、北海道にアメリカの品種が導入されてからだとされている。

「唐黍《とうきび》の花の梢《こずえ》にひとつづつ／蜻蛉《あきつ》をとめて／夕さりにけり」　長塚節

観察会の帰り、林立した畑のトウモロコシの前で、こんな歌を披露した。梢につく花は雄花。雌花は大きな苞につつまれ葉腋からつき出ているもの。それから出ている長いヒゲが雌しべで、これに花粉が着いて実が熟す、なんて説明した。

すると「確かに昔はトウキビと呼んでたな。北原白秋の〈兎《うさぎ》の電報〉という童謡でも、唐黍ばたけを、えっさえっさ、とあったな」と、誰かが言った。それをきっかけにトウモロコシの呼び名談義になった。ナンバキビだったとか、いやナンバンキビだとか、ただナンバンと呼んでいた、いやタカキビだったとか、ただキビとも呼んでいたとか。

私も思い出した。子ども時代にはナンバキビと呼んでいたのを。と同時に、夜店のキビガラ細工のことを思い出した。

昭和三十年代頃まで、大阪の下町では五の日とか八の日とか決まった日に夜店が出た。夕食後よく父を誘って出かけた。でも父が金を出してくれるのは、古本屋の本だけ。あとは自分の月々の小遣いから算段しなければならなかった。

ところがある時、どんな風の吹き回しか、キビガラ細工を買ってくれた。それは原色に色付けした棒状のキビガラと竹ヒゴをセットにし、動物や乗り物などの組立て説明図が付けられていた。今で言えばレゴのようなもので、完成図を参考にキビガラを切り、ヒゴでつないで完成させる。

「キビガラてなに?」とたずねた。すると父は「キビダンゴのキビや」と応じた。だがすぐに「コーリャン（高粱）かもわからんな」と訂正した。かくて「キビガラ細工のキビとはなんぞや」という疑問が私の頭にインプットされた。

それを突然思い出したのだ。ふと思いつき『広辞苑』を開いてみた。すると素材としてキビとトウモロコシがあげられていた。

たぶん元はキビだったのだろう。それがトウモロコシに入れ替わった背景には、キビ栽培の衰退とトウモロコシへの転換という雑穀栽培の歴史の変遷があったにちがいない。なんて言えば大げさであるが、こういう詮索を、私は勝手に「夜店植物学」と命名することにした。

ノアザミ

吹き出す花粉

ノアザミ　キク科、アザミ属の多年草。分布は本州～九州。唯一の春咲きのアザミ、開花は五月頃から、ただし冷涼な高原では八月頃まで咲く。総苞に触れるとねばるのも、この種の特徴。切り花のドイツアザミは、これの花が大きく色鮮やかなものを改良したもの。

中島みゆきは「あざみ嬢のララバイ」で、「わたしは／いつも夜咲くあざみ」と歌っている。ところが、芭蕉七部集の『あら野』には、こんな句が載っている。

「行く蝶のとまり残さぬあざみかな」　燭遊

チョウは昼活動する昆虫の代表である。

これはチョウがおもに視覚で花を捜す虫だということをも意味している。昆虫写真家の海野和男さんも『虫の観察学』（講談社ブルーバックス）で、アザミをチョウの訪れる花のナンバーワンに挙げ、花色が赤い花を好むアゲハチョウの仲間も、青い花を好むシロチョウの仲間も引き寄せるからだろうと書いている。さらにアザミの花の蜜は長い花筒の奥に出るため、ストロー型の口をもつチョウが吸いやすいということもある。

「あざみの花もひと盛り」なんてことわざがあるけれど、私はアザミ類の花が好きである。

それには子供時代のこんな体験があるからだ。

ある時アザミを訪れたアゲハを狙った。ところが網を振ったら空振りし、花をこすった。すると、もくもく白い花粉が湧き出てきた。それが面白くなって、つぎつぎ花に触って回った。

これは昆虫の接触刺激に反応し、受粉を確実にする仕組みであるが、花粉の出ない花もあった。見れば二股に開いた雌しべが突き出していた。これはすでに花粉が出たあとの花である。

自家受粉を避けるためまず花粉を出し、その後雌しべを出す仕組みになっているわけだ。

数本を持ち帰り、机の上のびんに挿しておいた。学校から帰ると白い花粉が机の上に落ちていた。昆虫が来ないときには、自ら花粉を押し出すようである。

姪が四才の頃、一緒にお散歩に出かけた。その時このアザミの花に触れる遊びを教えた。

彼女はアザミの花に触れて回った。幼児は同じことを繰り返してもあきない。そのあげく転んで、思わず茎をつかんだ。そして泣き出した。

「どうしたの?」と、たずねたら、「アザミがかんだ」と、しゃくりあげた。

そう確かにアザミは噛むのである。

ここまでが新聞掲載分である。その後詩人の寺田操さんから『金子みすゞと尾崎翠』(白地社)という評論集が贈られてきた。翠は一九三一年から三二年にかけて代表作とも言える作品を発表後、鎮痛剤の常用による幻覚症状や恋愛事件のため、長兄によって郷里に連れもどされ、その後目立った活動もせず、一九七一年に亡くなった作家だという。

その翠の「第七官界彷徨」(『尾崎翠全集』創樹社)という作品のこんな文が引用されていた。

「二助の机の上では、今晩薊《あざみ》が恋をはじめたんだよ。……熱いこやしのほうが利くんだね。今晩にわかにあの鉢が花粉をどっさりつけてしまったんだ」

アザミの花粉について記した文学作品は初めてである。

この文について、寺田さんは「薊の恋は、ヒト科の恋と同じレベルで語られる」といい、「薊の恋情は、ヒトの恋情と同じ身体をもつのである」と書いている。

この指摘は鋭い。ではなぜ翠はそのようなイメージを紡ぎ出したのだろう。

その点について、寺田さんは「〈モノ〉によせるフェティッシュな感覚」と書いている。

それも鋭い。

でもきっと、翠のそのイメージは先に記したようなアザミの花粉の具体的な観察から生まれたにちがいない。その意味では、「〈モノ〉によせる」として抽象化されてしまえば、アザミの花粉のようにこぼれ落ちてしまう、ような気がする。

翠も子供のころ、アザミの花粉の吹き出る姿を、見つめていたことがあったのだろう。じっと瞬《まばた》きもせず、エジプトの書記の彫像のように。

年中行事によせて

ウラジロ

植物の分布と民俗行事

ウラジロ　ウラジロ科、ウラジロ属の常緑性のシダ。分布は新潟県・山形県以南～琉球。根茎は地中を長く匍匐する。葉は二枚の羽片を何対もつけ、ほとんど無限に延びるが、分布の北端では一～三対で中軸の先端の伸長はとどまり、小さいわらび巻きの状態となる。

「かがなべて待つらむ母に真熊野の羊歯の穂長を箸にきるかも」　長塚節

「かが」は日日で、日を重ねての意。「羊歯の穂長」はウラジロのこと。これはウラジロがシダ（羊歯、歯朶）の代表のように考えられていたからで、地域によってはただ単にシダと呼ばれる。また家紋でも、歯朶紋と言えばウラジロ紋を指している。

節にとっては、葉柄が箸に使うほど太いのが印象深かったのだろう。同じウラジロでも、南紀熊野と分布の北限に近い節の故郷茨城県では、大きさはかなり異なる。熊野あたりでは、ときに高さ数メートルに達することもある。

そこで暖地では、この葉柄から篭などの工芸品が作られていた。例えば、昔銭湯に置かれていた脱衣篭や市場行きの買い物篭である。

さて、ウラジロと言えば何と言っても正月のお飾り。ところがこの風習、じつは日本全国共通のものではなかった。

私がそれを知ったのは、札幌の大学に入った年のこと。下宿の鏡餅の飾りにウラジロがない。そこで家の人にたずねてみたら、ウラジロそのものを知らなかった。早速図鑑を開いてみたら、関東以南と新潟以西の暖地に生える常緑性多年草とあった。

なるほど、ウラジロ飾りはウラジロ分布地域のものか、と納得した。

ところが、ずっとのち倉田悟著『植物と民俗』を読んでいたら、東京都の山村でも昔はこれを飾る風習がなく、都心に売るためにだけ採集していたとあった。

するとウラジロ分布地域の全てに共通の風習でもないらしい。

『日本年中行事辞典』を開くと、近松の『夕霧阿波鳴渡』の「ちょっと祝ひましょ、ウラジロゆずり葉」という文句が引用されている。上方では江戸前期からあったようだ。また「近畿地方とその周辺では、裏白のことを、ホナガまたはホウナガという土地が多い」とあり、これにも『夕霧阿波鳴渡』の「ゆずり葉に穂長折り敷く橙・柑子・蜜柑や何や榧・かち栗」が引用されていた。節の歌の「羊歯の穂長」も、これからきているのだろう。

ただし『広辞苑』を引くと、「穂長」には別の意味もあり、東海・近畿地方で「五月田植えの際の飯を炊く薪のこと」で、「この薪は正月初山入りの日に採取するもの」とある。

この二つの「穂長」の関係はよく判らないが、ルーツは正月に採集する薪だったらしい。正月飾りにウラジロを用いるのは、穂長の素材にウラジロを用いたのが転化したものなのかもしれない。

日本の国は「一民族一国家」と言われてきたが、風習や民俗はじつに多様性に富んでいる。もちろん今では、「一民族一国家」論がアイヌ民族やウイルタ（旧称オロッコ）や朝鮮半島から来た人々を切り捨てて作られたフィクションであることは、よく知られている。

考えれば、この「一民族一国家」論は北方領土を日本固有の領土と主張することとも矛盾する。そこに先住していたのは千島アイヌの人々である。彼らを切り捨てての固有の領土なんて主張は、現代においては国際的にも通用しない。

多様性に富む原因は、そもそも日本文化と言われるものが単一の文化ではないからだ。つまり多様なルーツを持ち、多様な生業によって成り立った雑種文化だからである。

その背景には、列島の植生が多様性に富んでいるということもある。面積は狭いが亜熱帯から亜寒帯までと長く、山が多くしかも高山帯まである。昔の風習や行事は自然の物を素材にしている。当然多様性に富まざるをえないわけだ。

だけど、各地の独自の風習はつぎつぎ失われてきた。北海道でも、今では内地から移入したウラジロを飾るという。つまり地域文化は武装解除されてしまったわけだ。今この国がグローバル化という名のアメリカ文化に抵抗なく身をゆだねられるのも、そのせいかもしれない。

オニドコロ

正月の床飾りに

オニドコロ（トコロ） ヤマノイモ科、ヤマノイモ属の雌雄異株のつる性多年草。分布は全国。ヒメドコロは本州中部以西。ヤマノイモは葉が対性なのに、互生。オニドコロの雄花序は上向きに立ち、雌花序は垂れるが、ヒメドコロは両方とも垂れる。花期七〜八月、花は黄緑色。

「声ごとにうどや野老《ところ》や市の中」　苔蘚

芭蕉七部集の「続猿蓑《みの》」にある句。売られていたのは、正月の床飾りにするため。野老は現在の標準和名で言えば、オニドコロとヒメドコロに当るとされている。

でも、なぜこんなものが、正月飾りにされたのだろう。

「ひげ根を老人のひげに見立て、長寿を祝うため」と書いた本が多いが、これは本当の理由が不明になった後に生まれた附会だろう。

そもそも正月飾りの多くは、山の幸や海の幸の収穫を祈念したもの。トコロもそんな幸の一つと考えたほうがすっきりする。

食用としてのトコロの歴史は古い。食べるのは根茎だが、これはヤマノイモのように地中深く潜らず、地面の浅い所を横にはう。そして栄養繁殖の能力は高い。ずっと前、これの繁茂した土地を庭にしようとした時には往生した。根茎が折れて残ると、それから芽を出して殖える。

そこに根茎が横に這うことの有利さもあるが、イノシシなどの動物に食べられるリスクもある。やたら苦いのも、それへの防御ではないかとされている。この苦み成分はかなり強力で、山村ではこの煮だし汁で衣類についたコロモジラミを殺したという。

だから食べる際には、灰汁で煮て、水にさらして調理する。

古くは採集品が利用されていたようで、『更級日記』にも「春ごろ鞍馬山にこもりたり。……山の方よりわずかにところなど掘りもて来るもをかし」とある。

だが江戸時代になると、青葉高著『野菜の日本史』によれば、苦みの少ない品種が栽培されていたという。だけどこんな芭蕉の句もあるから、採集もされている。

「この山のかなしさ告げよ野老掘り」

ともかく山の幸であったことは確か。正月飾りに使われるのは、その流れにちがいない。

ところで、『今昔物語』には、こんなおもしろい話が載っている。

『平中物語』の主人公としても知られた平貞文が高貴な姫に恋焦がれ、その姫への思いを断ち切ろうと、姫のおまるの中身を捨てに行く下女から奪いとって、中を見るという話である。

その中身の描写に「野老・合わせ薫《たきもの》を、あまづらにひぢくりて」とある。トコロをウンコに仕立てたというわけだ。当時は食べ物の繊維が多いため、姫のウンコも固かったらしい。

そして貞文は「先を少しなめつれば、苦くして甘し」てなわけで、恋のボルテージがさらに上がりあげくの果てに恋焦がれ死ぬ。

まさに究極のフェティシズムである。でも下賤の育ちの私には、死にかけの愛人をほったらかして逃げ帰る高貴な光源氏よりも親しみを感じる。もっとも『シラノ・ド・ベルジュラック』の話にもみられるように、古今東西女性の愛するのは、貞文ではなく光源氏タイプだけど。

ともかくアマヅラをかけて食べるほどの上等の食べ物とされていたわけだ。市場価格も『正倉院文書』の天平宝字八年（七六五年）の銭用帳によれば、かなり高く付いていたという。

また『古事記』には、こんな歌も載っている。

「なづきの田の稲幹《いながら》に稲幹に／はひ廻《もとほ》ふトコロヅラ」

これはヤマトタケルが死んだ時、后や子が御陵を作り、泣き叫んで詠んだ歌とされている。このトコロヅラは単にはいまつわることの比喩とされているが、それだけではないはずだ。だってこの後、タケルの魂は白鳥と化して「浜に向きて飛びいでます」とされている。

素直に文脈に従えば、トコロのつるには魂をこの世につなぎ留める力をもつというイメージがあったということになる。

そんなイメージがあったゆえに、正月に飾るということになったのだろうか。

トベラ

鬼も逃げだす悪臭

トベラ　トベラ科、トベラ属の雌雄異株の常緑低木または小高木。花期は初夏、五弁の白花を数個上向きにつける。秋に硬い球形の果実が熟し、三裂して中から赤い種子をのぞかせる。

上方落語に『くしゃみ講釈』というのがある。長屋住まいの二人の男が近所の鼻つまみ者の講釈師を、こらしめようと計画する。はじめは講演中の席で火鉢にコショウをくすべ、くしゃみを出させ講演の邪魔をしようと算段するが、結局トウガラシをくすべてしまい、客を全部追い払ってしまうという話である。

面白いことに、この話と同様に植物を燃やして悪臭を出し、節分の鬼を追い払うという行事が、西日本各地の海岸地帯に分布する。

それに使われる植物とは、トベラである。これは庭木にも使われ、乾燥や病虫害にも強いため街路の植え込みにも使われる。だから知っている人は多い。でもその悪臭を知る人は少ないだろう。方言にもイヌノヘというのがある。また徳川宗賢著『日本の方言地図』（中公親書）には、南九州や佐賀県にはドクダミの方言にトベラグサというのがあると載っている。

葉や枝も臭いが、とりわけ根の皮が臭く、その悪臭で鬼を追い払うというのである。名のトベラも別名にトビラノキやトビラキがあるように、節分の日に焦がしたトベラの枝や根を扉に挿したのに由来するとされている。

この行事は〝とべら焼き〟といい、『日本年中行事辞典』によると、これは悪臭または有毒のものを燃やして悪霊を追い払う焼嗅《やいか》がしと呼ばれる全国的にある行事の一つだそうである。

イワシの頭をヒイラギに挿し戸口に飾るのも、本来はこの焼嗅がしの一つで、もとは焼いたイワシの頭の悪臭で鬼を追い払ったらしい。

ただし紀貫之の『土佐日記』には、ナヨシすなわちボラの頭を使ったとあるから、時代と地域によって悪臭を出すのに使うものはいろいろだったらしい。

『日本年中行事辞典』によると、魚の皮やヒレ、ニラやネギ、さらには髪の毛や古ぞうりまで動員され、アセビのような有毒植物も使われていたという。

ヒイラギはトゲで鬼の進入を防ぐためだが、これも地方によってはトゲの鋭いカヤ、モミ、サンショウ、イヌザンショウ、タラノキなどを使うそうだ。

正岡子規の故郷松山でも、ヒイラギ以外にもタラノキを使ったようで、『墨汁一滴』（岩波文庫）

の節分の行事を記述した部分に、「たらの木に鰯の頭さしたるを戸口々々に挿さむが多けれど、柊ばかりさしたるもなきにあらず」と書いている。

ところで、〝とべら焼き〟の行事が海岸地域に多いのは、トベラの分布が本州の岩手県以南の太平洋側と新潟県以南の日本海側、四国、九州、琉球の海岸周辺だからである。

そこで別名ではシマギリとも呼ばれる。

だから観察会で聞いてみると、自生のトベラを見た人は意外に少ない。でも自生のトベラは都会で見るよりはるかに素敵。高知県室戸の大きな岩のごろごろした海岸で出合った時には見直した。とくに花の季節、クチナシに似た甘い香りがいい。

また日本では、よく漢名の海桐花が当てられる。これも海岸近くに生えるために当てられたそうであるが、牧野富太郎は「不適当な名前で、多分同じ属の」中国産のものを誤って当てたものだと決めつけている。

なお日本のトベラ属は数種だけしかないが、世界にはおよそ一六〇種もあり、とくにオーストラリアには多産するという。

さて、いつも「何事も体験」と叫ぶ私も、〝とべら焼き〟だけは勧めない。落語の講釈師のように近所の鼻つまみ者になり、鬼より先に自分が追っぱらわれるからである。

アサツキ

雛祭りのなますに

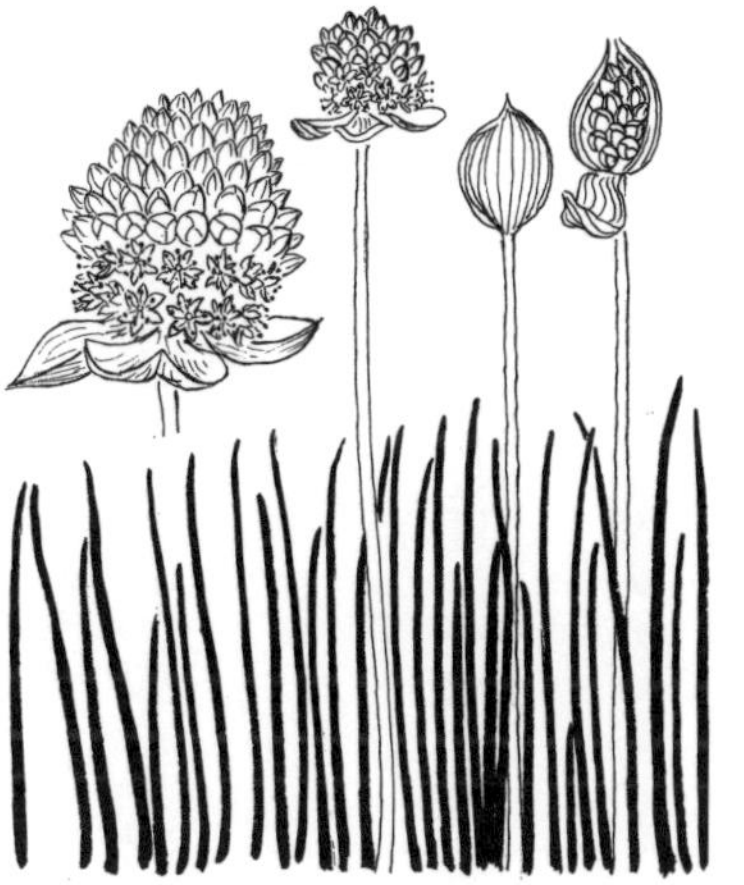

アサツキ ユリ科、ネギ属の多年草。分布は北海道、本州、四国。芽は春に出て、夏地上部が枯れ休眠し、秋に再び葉を出す。花期は四～五月。花色は淡紅紫色だが、かなり濃いのもある。葉は栽培種は黄緑色で柔らかいが、海岸に生育する自生種は青緑色でしっかりしている。

「三月は、三月は、おひな祭りにアサヅキなます」

宮城県の手まり歌の文句。『わらべうた』（岩波文庫）の註によると、これは雛祭りにアサツキとアサリの酢味噌合えを出すことを歌ったものだという。

上方では雛祭りにはハマグリの吸い物を出す。ではアサツキなますのルーツは、と調べてみたら、江戸中期の『和漢三才図会』に出ていた。またアサツキなますについては、アサツキとハマグリのむきみを味噌で合えたものだとあった。

どうやら上方のハマグリの吸い物が、ハマグリとアサツキの味噌合えに変わり、仙台に伝わるとともにアサリとアサツキに変わっていったようである。

ところで、江戸川柳にはこんな句がある。

「あさつきのなます進ぜて首を抜き」

これは三月四日に雛をしまうにあたり、お雛様にアサツキなますを供して、雛人形の首を抜いて箱に納めるという習俗を詠んだものと解説にあった。

一日ずれている。そこで調べてみたら、渡辺信一郎著『江戸の知られざる風俗』(ちくま新書)に、三月四日は奉公人の年間契約が切れる(出代り)日の前日で、江戸ではこの日にアサツキを食べる習慣があったため、いつの間にか混同されるようになったのだとあった。

ただし出代わりの日は、江戸でも近世はじめまでは二月二日と八月二日であったのが、寛文八年(一六六八年)に幕府の命で三月五日と九月五日に変更させられたのだという。よってこの混同が起こったのはそれ以後ということになる。

またこの本には、こんな川柳も引用されていた。

「涙雨あさつき臭い口を吸う」

これは出代りの日に、たぶん片方が首になり、別れなければならなくなった男女の奉公人の間で演じられた愁嘆場だろう。

アサツキには特定の高山や海岸に分布する変種が多い。尾瀬の蛇紋《じゃもん》岩地帯の至仏山のシブツアサツキ、同じく蛇紋岩地帯の北海道日高のアポイ岳や太平山のヒメエゾネギ、伊豆南部海岸のイズアサツキ、本州や北海道の高山のシロウマアサツキなどである。なお北アルプス白馬岳のネブカ平はこのシロウマアサツキが群生していたのに因むという。

これらは確実な自生であるが、ふつうのアサツキの場合は、古くから栽培されていたため、栽培品が野生化したものも多いようである。

そんなのを採集し栽培すると、葉はよく茂るが、花はあまりつかない。また八百屋のものを植えても花はあまり咲かない。これは葉を食べるための品種改良の結果なのだろう。

栽培がいつから始まったのかは判らないが、藤原京の市跡から出土した木簡に出てくるそうだ。また『養老賦役令』の、諸国に貢納を指定した中にもあるという。

名はキ（ネギの古名）より葉の色が浅いことからとされる。でも本来アサツキは食用。香りまたは味が「浅つ葱《き》」と考えたほうが、理屈に合うような気もする。

薬味としてなら、花の季節でも使える。でも私はこの花が好き。花を包む苞の赤色が濃いのは、さながら火炎光背。この場合は断然、団子より花。

数年前の五月、佐渡の小木近くの海岸にアサツキが群生していた。花色の美しいのを掘って帰り、鉢植えにした。でもじつはその花も見ずじまい。

翌年三月、アサツキなますにして食ってしまったからである。鱗茎は生のまま、味噌をつけて食った。鼻につーんときたが、うまかった。

てなわけで、結局のところは花より団子。

ハハコグサ

草もちに入れる理由

ハハコグサ（ホウコグサ）　キク科、ハハコグサ属の越年草。分布は日本全土、朝鮮、中国中南部、東南アジア。史前帰化植物だという説もある。道端、田畑などに、ごく普通に生える。春の七草のオギョウやゴギョウはこれ。花期は四～六月。

「ははこ摘む弥生の月になりぬれば　ひらけぬらしな我宿の桃」　曽根好忠

現在の雛祭りに菱餅を供える風習は江戸時代にできた新しいもの。それ以前は草餅を供えたとされる。また今の草餅にはヨモギを使うが、これも一説では秀吉の朝鮮侵略の時に伝わった風習だといわれ、今も韓国では日本以上にヨモギの草餅が食べられている。

古くは草餅にはこの歌のようにハハコグサが使われ、各地に残るモチグサ、モチバナ、モチヨモギなどの名はその名残だとされている。

周樹人すなわち魯迅の弟、周作人の『周作人随筆』（冨山房百科文庫）を読んでいたら、彼の故郷の酒で名高い浙江省紹興では、春分後十五日目の清明節の墓参りに、ハハコグサの葉をつきこねた粉から団子をつくって供えたと載っていた。

ところが、同じ江南の風俗を記した六世紀の『荊楚歳時記』（平凡社東洋文庫）には、三月三日には「ハハコグサの汁を取りて羹《かん》を作り、蜜をもって粉にまぶす」とある。食べる日は清明節へ移行したけれど、その風習が続いてきたのだろう。

長江流域は日本の国家のできる以前から関係深い地域。日本のハハコグサ利用のルーツも、このあたりにあるのかもしれない。

そもそも草餅にハハコグサを入れる目的は、葉にある白い毛をつなぎにするためである。じつはヨモギを入れるのも本来は同じ目的であり、この葉もモグサが作られるように細かい毛を含む。ただヨモギは香りや味もよいため、目的があいまいになってしまったということだろう。

ではなぜつなぎが要るのか。モチ米なら、つなぎなど不要のはずである。

その点でヒントになるのは、牧野富太郎の『随筆・植物一日一題』に、千葉県土気地方では、アワにハハコグサを混ぜ粟餅を作るとあることだ。

アワのような雑穀なら、つなぎが要るのはよくわかる。なお周作人の場合も粉を使うと書いている。この粉が何かは不明だが、雑穀かもしれない。

ハハコグサを入れたのは、きっと雑穀などの粉をモチや団子にして食べるための工夫として考えだされたのだろう。

シキミ

黄泉との境の木

上方では、東大寺二月堂のお水取り（三月十四日）が過ぎないと春が来ない、と言われる。ある年の三月末に二月堂を訪れたら、閼伽井《あかい》屋の周囲がシキミの枝で囲われていた。閼伽とは梵《ぼん》語起源で仏前に供える水のこと。閼伽井は若狭井とも呼ばれるように、若狭から地下を通って送られくる聖水が湧くとされる井戸。それを汲むのがお水取りの行事である。

よく「シキミは仏事、サカキは神事」と言われる。だが本来サカキは常緑樹の総称で、その意味ではシキミもサカキの一つである。そこで平安中期の神楽《かぐら》歌の「榊葉《さかきば》の香をかぐわしみ求め来れば…」の、榊葉とはシキミのことだとされている。また京都愛宕神社の神木もシキミである。

シキミ　シキミ科、シキミ属の常緑高木。分布は宮城県以西～沖縄、台湾、韓国済州島、中国中南部の暖帯～亜熱帯。芽の先端が片方に曲がる。全木に芳香がある。花期は三～四月。花は白、芳香がある。同属のトウシキミの果実は八角茴香と呼ばれ、中華料理の香辛料。ただしシキミの果実は猛毒。

ではなぜ、シキミは仏事と結びつけられるようになったのだろう。

閼伽井屋のシキミを見ていて、ちょっとした仮説を思いついた。

シキミは昔から水と関係が深い。謡曲の『三輪』でも、女の姿に化けた国つ神・三輪の神がシキミと閼伽を持って現れる。西行の歌にも「しきみ置く／閼伽のをしきの縁なくは／何にあられの玉と散らまし」というのがある。

これらでは閼伽なんて仏教用語が使われているが、泉や井戸の水のことである。泉や井戸は、若狭井が若狭国と通じているように地下とも通じている。地下は黄泉《みよ》の国でもあり、黄泉はあの世であるとともに異界であり、そこは土地の神・国つ神の住む所でもある。神武が吉野を征服した時も、尾の生えた国つ神・井光が井戸から現れたとされている。

仏教もまた、国つ神にとっては天つ神同様の侵略者である。

閼伽井もまた、東大寺建立の前その地にいた国つ神を押し込めた場所ではなかろうか。

サカキの語源には「境の木」説もある。これは結界の木ということである。そこで国つ神を押し込めた閼伽井との結界にシキミで囲ったのではなかろうか。

さらにシキミはよく墓域にも植えられる。これは有毒樹で香りが強いため、動物を遠ざけるという実質的効用もあるそうだが、そんな黄泉との結界という意味もあるのだろう。このイメージがのちに地獄の観念と合体し、仏教に取り込まれたのでは。

なお早春に咲く花は、香りが甘く、ちょっとエロチック。

ウラシマソウ

花御堂の柱に飾る

ウラシマソウ　サトイモ科、テンナンショウ属の多年草。分布は北海道（日高・渡島）、本州、四国、九州（佐賀県）。花期は四～五月。平地から低山地の野原、林縁、明るい林の中。かってはわりと普通に見かけたが、山草ブームで大きな群落は消えた。

熊本県の球磨《くま》地方では、花祭りのお釈迦様の花御堂を子供たちがレンゲやスミレで飾りたて、四隅の柱にウラシマソウやマムシグサの花を飾ったという。

この話は、数年前に私の個展に来られた人に教わったのだが、乙益正隆著『球磨の植物民俗誌』（地球社）にも載っていた。そして球磨方言ではテンナンショウ属の草はヘビンシャクシ（蛇の杓子）と呼び、五木地方ではヤマゴンニャクやヘビゴンニャクと呼ぶとあった。

これに似たヘビクサやヘビノコシカケの別名も各地にある。

ところでウラシマソウほど、大阪弁のケッタイという言葉がぴったりの草はない。この言葉は掛《け》体《たい》の転とされているが、意味は田辺聖子さんの『大阪弁ちゃらんぽん』（中公文庫）を借りれば、「へんてこなようす、おかしなたたずまい、ふにおちぬありさまを指す」

なによりケッタイなのは球茎の重量で性転換をすることだ。これはテンナンショウ属の多くに共通する性質であるが、最初に咲くのは雄花、重量が増すと雄花と雌花両方つき、さらに一定重量をこえると雌花だけになる。

ただし花穂は仏炎苞の中にあるため外からは見えない。でも草丈の大小で雌雄を予想し仏炎苞を開くと、慣れてくるとほぼ当るようになる。そこで手品よろしく雌雄を当てて見せれば、ケッタイがられること請け合いだ。

秋には小さなトウモロコシのような形の果実が赤く熟す。すると球茎は小さくなり、雄に戻る。また球茎は子いもをつけて栄養繁殖もする。それが多い場合も雄に戻る。つまり雌と雄の間を行ったり来たりするわけだ。

次に見るからにケッタイなのは、苞《ほう》から外につき出た花序の付属体。これは花序の先端が伸びてできたもので、この仲間の分類の重要な決め手となる。

ウラシマソウの場合は図のように先が長く糸状に垂れる。これを浦島太郎の釣り竿に見立てたのが名の由来であり、これが花御堂の柱の飾りになるわけだ。

この仲間の花粉を運ぶのはハエ類。そこで花は腐敗臭を出す。でも花は隠れている。そこで付属体が大きく目立ち、宣伝塔の役目をしているのだそうである。

も一つケッタイなのは種子の発芽の仕方。ある年種子をまいてみた。ところが全く葉が出ない。不稔かと思い掘ってみたら地中に小さな球茎ができていた。調べてみたら、二年目に初めて地上に葉を出すのだという。

最後にケッタイなのは別名の「はれへつこ」。ある時このことを友人に話したら、「へつこは、きっと女性のあそこのことやで。腫れるんは、シュウ酸の結晶を含んでるから、粘膜に触ったら腫れる言う意味やわ」と言った。ただしこれは冗談好きの友人の思いつき。

ところが十年ほど前、奈良県東吉野村の奥の鷲家というところで、山仕事をしていた地元の爺さんからこんな話を聞いた。

若い頃、この仲間の球茎をすりおろし、娘のいる家の風呂に入れたという。するとあそこがかゆうてたまらんようになって、裸で飛び出してくるんや」という。

こちらも調子に乗って、「おばはんやったら、どうなるんや?」とたずねたら、「その場合は、責任とる場合もあったな」と、にやり。

友人の冗談も、まんざら根も葉もないわけではなさそうだ。ただ問題は「ヘツコ」が女性のあそこを表す言葉であることの裏をとれないこと。聞いて回るわけにもいかないし。

それはともかく、こんな天上天下唯我独尊的にケッタイなウラシマソウも役立つこともある。昔は根茎をつぶして便所に入れて蛆《うじ》虫退治に使ったという。

それよりも、お釈迦様を喜ばせるのに役立つ。

カシワ

端午とタンニン

カシワ ブナ科、コナラ属の落葉高木。大木なのは高さ一五メートル、径六〇センチになる。花期は五〜六月、果実は年内に熟す。分布は北海道〜九州で、沿海地や火山の麓など日当りのよい礫地などによく生える。

端午の節句と言えば、今では全国的に柏餅ということになっている。だが今の柏餅はわりと新しい食べ物である。江戸中期の『世事百談』にも「柏の葉に餅を包みて互いに贈るわざは、江戸のみにて、他の国にはきこえぬ風俗にして、しかも又ふるき世よりのならわしにもあらざるにや」とある。

上方では、端午の節句の食べ物と言えば粽である。

また西日本各地では、餅をサルトリイバラの葉にはさみ、サンキライ（山帰来）餅と呼んで食べる地域も広く分布する。さらに南九州では、アカメガシワをカシワと呼ぶため、その葉ではさんだのを柏餅と呼ぶそうだ。

元来カシワは食物を盛る葉の総称とされている。そこで幅広の葉は何でもカシワと呼んだらしい。ホオノキにもホオガシワ、ヒトツバにもイワガシワの別名がある。

現在のブナ科のカシワは、分布エリアは広いけれど、近畿地方ではかなり内陸部の山か日本海側に行かないと見られず、わりとなじみは少ない。

カシワと言えば、私が思い出すのは学生時代に見た苫小牧のカシワ林である。それを見て感激していたら、同行の林学科の友人が言った。「明治以前には、北海道各地にカシワの大森林が広がっていたんだよ」と。

その時友人が教えてくれた。そんなカシワ林が伐採された最大の原因は開墾であるが、それを加速したのはタンニンの採取だと。

カシワの樹皮から採れるタンニンは高級品、北洋漁業の網の染色や皮なめしに大量に使われのだそうだ。かっての北洋漁業は、小林多喜二の『蟹工船』にもあるように、国家的な輸出産業。カニやサケの缶詰めを欧米に輸出し外貨を稼いでいた。そして得られた外貨は、富国強兵につぎ込まれた。その強兵の点でも、タンニンは軍靴や軍装の皮製品製造には不可欠。それがさらにカシワの伐採を加速したのだそうである。

この国がそれなりに自前で近代化をなしとげた背景には、北海道のカシワ林が一役も二役もかっていたということだ。もちろんカシワ林だけではなく、日本の資本主義資本蓄積と近代化の背景には、この国の豊かな自然の生産力があったのである。

なのに私が習った学校教育では、日本は少資源国ということだけがやたら強調されていた。今から思えば、これこそ自虐史観では。

もっともコンプレックスをためこみ、それをエネルギーに転化するのが、明治以後の日本の教育におけるモチベーションの作り方ではある。だから時々そのフラストレーションの発散のための反動がやってきて、夜郎自大的なナショナリズムにずれていく。

ともかくカシワへの感謝を忘れるなんてのは、恩知らずな仕打ちではなかろうか。

さらに近年では、陸と海との物質循環の大規模な研究によって、海の生産力も陸の森林によって支えられている構造が明かになってきた。そこで漁民が山に広葉樹を植える運動をはじめている。

そう考えると、かつての北洋漁業の繁栄も豊かなカシワ林に支えられていたのかもしれない。

なお私の見たカシワ林も苫小牧開発で伐採され、今はない。そして開発を担った第三セクターは破産し、壮大な遊休地だけが残っているそうである。

ところで、『枕草子』にはこんな文がある。「柏木いとをかし、葉守りの神のいますらむも、かしこし」。カシワの木には葉守りの神が「います」ということだ。こんな信仰が生まれたのは、カシワの葉が冬を越えても枯れたまま枝に残るからだとされている。

そんな神をないがしろにした報いを、いま受けているのかも。後ればせながら、カシワ餅を食べるときには、カシワに感謝のかしわ手を。

チマキザサ

ヘアの有る無し

チマキザサ　イネ科、ササ属。分布は北海道、本州の日本海側、四国、九州。山地に群生。稈は一メートルを越え、下部でまばらに分枝し、葉も無毛だが竹の皮の表面も無毛。葉は大きく長さ三〇センチ巾八センチにもなる。

三十年ほど前、京都の北山でササを刈っている人に出会った。「何に使うんですか?」とたずねると、「粽《ちまき》のササや」と、返ってきた。その後、京の粽菓子の老舗の主人川端道喜さんの『京都の和菓子』(岩波新書)を読んでいたら、こんなことが載っていた。

京都ではチマキのササには北山のササを使う。そのササは香りがよく、葉に毛がなく茶菓子のクズチマキに適している。他方、信州や東北のササは大きく揃っていて、細かい毛が生えている。そのため葉離れがよく、これはダンゴチマキに適していると。

それを読んで、漱石の『坊っちゃん』の有名な、ばあやの清《きよ》との会話を思い出した。坊ちゃんが松山にたつ前、ばあやの清に土産に何がほしいとたずねたら、越後の笹飴が食べたいと清は答えた、というものである。

飴こそ葉離れがよくなければならない。毛の多いササがあればこその菓子のはず。それにはどんなササが使われているのだろう。

タケやササ類はもともと熱帯が起源で、北部日本のそれは、その中で最も北方にまで分布を広げてきたグループだとされている。

とくにササ類は多雪地帯にまで分布するが、これは日本列島が朝鮮半島と離れ日本海ができ、日本海側が多雪地帯になって以後の、わりと新しく分化してきたグループだという。それゆえまだ分化の途中という性質があり、そのため分類が難しいのだそうである。ただし多様性に富むからこそ、チマキの種類に合わせた使い分けも可能となる。

では先の〝無毛と有毛のササ〟とは何だろう。

京都北山の無毛のササは、粽に使われることから名の付いたチマキザザだろう。では信州や東北の有毛のササとは何だろう。

図鑑を開くと、どうやら東北を中心に本州の山地に生育するというナンブスズのようだ。ただし実際に現地調査をしていないので、単なる推測ではある。

ところで、京都でもダンゴチマキも作るはず。その時にはどんなササを使うのだろう。

芭蕉七部集『猿蓑』には、こんな句が載っている。

「隈《くま》笹の広葉うるはし餅粽《もちちまき》」　岩翁

クマザサは、京都府の一部の山地にだけ自生が見られる珍しい種であるが、葉の縁が白く隈どられるのが美しく、古くから庭園に植えられる。おそらくこの句の粽も庭のササを使ったのだろう。家庭で作る粽には、手近なササの葉が使われたにちがいない。

そもそもチマキは「茅巻き」とも書かれるように、チガヤで巻くことからきた名である。それ以外にもマコモやアシ、スゲなども使われる。

またササで巻いた食べ物は粽以外にも各地にある。例えば笹巻き鮨、これは小型の握り鮨を笹の葉で巻いたものである。また富山の鱒鮨などもササの葉を敷いている。

それらも中身と対応した使い分けが、なされているのだろうか。

そこで、全国のササで包んだ食べ物の「ヘア調査」なんてテレビの企画はどうだろう。かって大阪発の「探偵ナイトスクープ」という番組では、各地の罵倒語の調査を行い、『全国アホ・バカ分布考』（新潮文庫）なんて、なかなか知的な本さえ出している。

製作費が減ったからといって、十年一日お笑い芸人によるラーメンの食べ歩きでは、あまりにも芸がなさすぎるのではなかろうか。

もちろん困難な問題がなくもない。ササの分類は、かってのポルノ規制のようにヘアの有無だけで判定できるほど、単純ではないことだ。

ショウブ

ハナショウブやアヤメとの混同

ショウブ　サトイモ科、ショウブ属の多年草。分布は北海道〜九州。東アジア、シベリア、マレーシア、インド、北米。花期は五〜七月。ただし日本のは結実しない。葉の中脈が隆起し目立つ。全草に芳香があり、中国、ヨーロッパでも広く薬用にされている。

四月、京都の錦市場のあたりをぶらぶらしていたら、ショーウィンドウに飾られた五月人形に、造花のヨモギの葉とアヤメ科の花を挿した花瓶が並べてあった。

だが花の美しいアヤメ類は端午の節句とは無関係。端午の節句に使われるアヤメはサトイモ科の現在のショウブである。

端午の節句にショウブやヨモギを飾るのは中国が起源で、強い香りや薬効で邪気を払うことから起こったとされ、名のショウブも漢名の菖蒲に由来する。

ただし漢名の菖蒲は同属だが別種のセキショウ（石菖）のことであり、日本で誤って当てたものとされている。なおショウブそのものは中国では白菖蒲または水菖蒲と呼ばれる。

六世紀の『荊楚歳時記』には、五月五日には無病息災を祈り邪気を払うまじないとして、続命《しょくめい》縷《る》と呼ばれる円形やひょうたん形の香り袋に菖蒲すなわちセキショウの根を刻んで入れたり、またセキショウの根を入れた酒を飲んだとある。

万葉集にも、「菖蒲草《あやめぐさ》玉に貫く」（一四九〇番）や「菖蒲草かづらにせむ」（四〇三五番）などとあるが、これらもショウブを使った一種のまじないだとされている。その意味では実用的なものである。しかしアヤメ科の草には、そんな香りも薬効もまじない効果もない。

ではなぜ混同が起こっただろうか。

それは室町末期から野生のノハナショウブからハナショウブという園芸品種が作られたのに始まるという。この葉はショウブと同じく葉の中脈が隆起し目立つため、はじめ花アヤメのちに花ショウブと呼ばれた。例えば世阿弥作の謡曲『杜若《かきつばた》』には、杜若の精が「似たり似たり、杜若花菖蒲《はなあやめ》」と謡うくだりがある。

この花菖蒲はカキツバタに「似たり」とあるから、アヤメ科である。また十七世紀初頭に出た『日葡辞書』の「ハナアヤメ」の項でも、「アヤメ科の一品種」と記されている。

ただし『山家集』の「桜散る宿にかさなるあやめをば、はなあやめとや言ふべかるらむ」などは、美称としての「花」を冠したものだそうだ。するとこれはショウブである。ああややこし。

一方ハナショウブの名は、湯浅浩史著『花の履歴書』によると、『拾玉集』に載る慈円僧正の歌に出てくるのが最初だそうである。

なお菖蒲という表記は万葉時代から用いられてきたが、当時はアヤメグサと読み、ショウブのことを指していた。ただし平安時代になると、「さうぶ」と音読もされるようになる。だけど和歌の上では、それ以後もずっとアヤメまたはアヤメグサと読まれ続けてきた。

そしてこのハナショウブの名である花アヤメや花ショウブに冠された「花」が脱落し、単にアヤメまたはショウブと呼ばれるようになったことから、混同が起こってきたわけである。

この混同はわりと早くからあったようで、井原西鶴の『西鶴諸国ばなし』の「楽しみの男地蔵」の端午の節句の挿し絵でも、屋根にハナショウブを葺く姿が描かれている。

だが詩歌の世界では、先に述べたようにアヤメは伝統的にショウブの意味で使われてきた。例えば『奥の細道』に「あやめ草足に結ばん草鞋の緒」というのがある。

この句は、端午の節句に仙台に入った芭蕉が、弟子から紺のはな緒付きのわらじを贈られて詠んだものである。これも今のアヤメと思い込んで妙な解説を加えた本があるが、わらじに結ぶと強い香りが立つからこそ、本格的な〝奥への旅〟への覚悟の表現となる。

それはそうと、こないだテレビを見ていたら、京都の老舗《しにせ》と称する店の菖蒲酒というのを紹介していた。ふと見ると、その盆に、ハナショウブの花が添えられていた。

菖蒲酒とは本来はセキショウの根を漬けた酒のはず。それでこそ香りも薬効もある。ハナショウブでは何の薬になるんやろ。

アヤメ
高原に咲く花

アヤメ　アヤメ科、アヤメ属の多年草。分布は北海道〜九州。朝鮮、中国（東北）、シベリア東部。葉は巾五〜一〇ミリで、中脈はあるが目立たない。花期は五〜七月、外花被片の爪部は黄色地に紫色の網目状の模様がある。近縁に内花被片の著しく小型のヒオウギアヤメがある。

「潮来出島の真菰《まこも》の中で、アヤメ咲くとはしほらしや」という有名な民謡がある。

この文句について、牧野富太郎は『随筆・植物一日一題』に、こう書いている。アヤメはマコモの生えるような湿地の草ではない。そんな場所に生えるのは古名のアヤメすなわちショウブだ。だがこれでは「しほらしや」と合わない。なぜならショウブの花は「恐ろしく陰気でグロである」からだと。

ただしこの牧野の言い方は、若干いちゃもん臭い。民謡は現在のアヤメと限定しているわけではなく、花の咲くアヤメという程度の意味で、現実にはハナショウブを指しているからだ。

こんな問題が起こるのは、「ショウブ」の項で書いたように、ハナショウブが園芸化され「花アヤメ」と呼ばれるようになり、アヤメ＝湿地の花というイメージを引きずっているからである。

だがしかし、現在のアヤメは冷涼な高原地帯などのやや乾いた草原に生える草で、例えば宮沢賢治の岩手県の高原を詠んだ「種山ケ原」と題した詩に出てくるアイリスである。

「この山上の野原には／濃艶な紫いろの／アイリスがいちめん」

アイリスとはアヤメ属の属名だが、賢治がアイリスなんて言葉を使ったのは、彼のハイカラ好みもあるけれど、手垢《あか》の付いたイメージがまといついたアヤメという言葉を避けたかったということもあるのだろう。

アヤメという名については、それ以外にも誤解がある。

それは語源のことだ。よく書かれる説に、花弁の網目模様を織物の綾《あや》目模様に見立てたというのがあるが、この説は論外である。アヤメはもともとショウブについた名だからだ。

またショウブの葉の基部の重なった姿を綾目に見立てたという説もあり、『古今集』には、「ほととぎす鳴くや五月のあやめ草／あやめもしらぬ恋もするかな」なんて歌もある。

しかし万葉仮名では、アヤメの表記のメと綾目のメとは別音だという。そこで『岩波古語辞典』（初版）では、「漢女《あやめ》の姿のたおやかさに似る花の意」としている。

だけどこの説も説得性に欠ける。だって、牧野が書いているように、ショウブの花はおよそたおやかさとは無縁な「グロ」だからである。

ハナショウブ

品種改良に刻まれた時代精神

ハナショウブ　アヤメ科、アヤメ属の多年草。分布は北海道〜九州。朝鮮、中国（東北）、シベリア東部。湿原または草原に生える。葉は巾五〜一二ミリで、中脈が隆起して目立つ。花は六〜七月に咲き外花被片の中央から基部の爪にかけて黄色で、カキツバタよりは巾が広い。

「刺青《いれずみ》の菖蒲《しょうぶ》の花へ水差にゆくや悲しき童貞童子」　寺山修司

「菖蒲の花」はハナショウブのことだが、それを「刺青の」と表現したのは秀逸である。

ハナショウブは室町時代ごろから栽培が始まったとされ、品種改良が進んだのは江戸時代になってからで、元禄時代の『花壇地錦抄』には八品種が載り、『増補地錦抄』（一七一〇年）には四十余品種が載っている。そして飛躍的に品種が増えたのは、天明（一七八一〜八九）年間に松平定寛・定朝親子が行ったのによるものとされ、約二百品種を残したという。

これをもとに作られたのが江戸の堀切菖蒲園であるが、さらに爆発的に品種が増えたのは、天保

（一八三三〜四四）年間から安政（一八五四〜六〇）年間にかけてだという。

当然そこには江戸末期の時代の美学が反映している。

例えば弁天小僧の振り袖からちらりのぞく刺青。累《かさね》の口からたらりと垂れた血。それを修司は鋭くとらえたわけだ。

ところで、これらの品種改良の中心になったのは中流以下の武士だとされている。江戸時代の武士は、たて前上は軍人であるが、実質的には給料生活者の役人。しかもその給料は固定されている。そのような中で、下手に意欲をもつと危ない。ただ時間はたっぷりある。そんな多くの目が集中したため、多数の変異が見つかり改良も進んだというわけだ。

なおこれには、ハナショウブの花が変化を起こしやすい性質を持っていたこともあるのだろう。カキツバタやアヤメには、そんな多数の品種はない。

ともかくハナショウブの改良も、ひとつの時代の産物である。

でも考えたら、これは停滞の中における生き方についての参考になるかもしれない。

今の経済は成長を前提として成り立ったシステム。それが環境や人口問題でどんずまりになりつつあり、きしみだしている。

ハメルンの笛吹き男のような大言壮語に躍らされて付いていけば、この道はいつかきた道、地獄に連れていかれるかもしれない。身丈にあった生活をするというのも一つの知恵。しかも花の改良などという、文化的な営みをしつつである。

カジノキ
七夕に葉に文字を書く

「天の川とわたるかぢの葉に思ふことをも書きつくるかな」　上総の乳母（拾遺集）

この歌は、平安末期から公家の間で行われていた七夕祭りにカジノキの葉に詩歌を書く風習をふまえたものとされ、『平家物語』の「妓王」の条にも「天の戸渡る梶の葉に、思う事書く頃なれや」と引用されている。

この風習はその後武家にも広がり、茶道で七夕の日に水差しの蓋にカジノキの葉を使うのなども、その流れだという。さらに後には、手習いの普及にともない、筆跡の上達を願い、庶民にも広がったようで、こんな川柳がある。

カジノキ　クワ科、コウゾ属の落葉高木。歴史以前に中国から渡来。原産地は不明。インドから太平洋諸島まで、熱帯～亜熱帯に広く栽培される。枝や葉に毛が多く、葉はコウゾよりずっと大きく、同様に深く切れ込むことがある。

「梶の葉はよんどころなく散らし書き」　柳多留

それが今日、短冊に願い事を書いて笹に吊す風習のルーツなのだそうである。と書いても、実際のカジノキを見たことのある人はあまりいないだろう。現在では、ほぼ栽培が絶えてしまったからだ。

古くは樹皮から繊維をとり、布を織ったり紙の原料にするため栽培されていた。七夕に詩歌を書く風習も、そんな背景から生まれたものとされている。

渡来はきわめて古く、記紀や万葉に載る栲《たく》布、栲衾《ぶすま》、栲領布《ひれ》、栲綱などのタクは、この繊維で織った布であり、また「白たへ」や「荒たへ」と呼ばれる布も、これではないかとされている。ところが、同じころコウゾも渡来したとされている。そのため文献だけでは、それらに使われた繊維がカジノキだったかコウゾだったかはっきりしないのだという。

さらに面倒なのは、この二つを表す漢名も混同していて、カジノキに使われる穀、構、楮などはコウゾにも使われていることだ。

ただしこの混同はすでに中国でも起こっていて、それが我が国に持ち込まれたのだという。なお梶は日本で誤用したもので、本来は梢をさす字なのだそうである。

となると、古文献に登場する「かぢ」も、種類は定めがたいということになる。

不思議なのは、コウゾが入ってきた後もカジノキが残されてきたことである。

栽培植物の場合、利用価値の高いものが入ってくると、ふつう前のものは消えてしまう。ましてカジノキとコウゾは利用目的もほぼ同じである。

おそらく残された理由は、カジノキが高木になるためと、畑で栽培されたのではなく家の周囲に植えられたため、つまり半栽培のようなスタイルだったからだろう。その点ではポリネシアなどにおけるカジノキと同じ栽培形態である。

そこでそのまま残され、仕事着などの織物に使う繊維をとるのに、ずっと利用されてきたということだろう。カジノキの織物は、その後室町時代の『下学集』や『文明本節用集』にも「たふ（太布）」という名で登場し、最近まで高知や徳島の山間部で織られていたという。

最後的にカジノキが消えたのは、戦後の農村生活の近代化の結果だろう。

私が知っていたカジノキもほとんど人家周辺にあったが、消えた原因は圃場整備、農業機械を置く小屋の建設、駐車場の建設などである。

ところで、新聞掲載時に読者の方から実際のカジノキを見たいので教えてと、連絡があった。そこで「植物園にありませんか？」とたずねたら、その方はすでに京阪神の植物園を調べられていて、植えている所は全くないという返事だった。

植物園に植える植物の種類も、舶来の珍しい植物を紹介するという明治以来のコンセプトを惰性で踏襲している時代ではなかろう。もはやカジノキのほうが珍しい時代なのである。

なおポリネシアでは、カジノキの樹皮を叩きのばしてタパと呼ばれる布が作られる。これもポリネシア人がアジア大陸周辺から太平洋の島々に移住した際に、運んできたものとされている。

アサ

盆に苧殻の迎え火

花屋に並んだお盆の迎え火や送り火にたく苧殻《おがら》を見て、祖父のことを思い出した。

ある時、何かいたずらをしたら、祖父に「ならぬならぬ、苧殻でついた釣鐘や」と言われた。その意味をたずねると、苧殻のような軽いもので鐘をついても「鳴らぬ」ということで「あかんと言うことや」と教えられた。

成人後その洒落が浄瑠璃《じょうるり》の『ひらかな盛衰記』の一段目の巴御前のせりふ「……この巴には、苧殻でつく釣鐘、ならぬ事ならぬ事」に由来するのを知った。義太夫などから得たのだろうが、今から思えば祖父にはその種の「教養」があったように思う。

アサ　アサ科、アサ属の雌雄異株の一年草。これまでアサ属はクワ科に属すとされていたが、近年はアサ科として独立させる説が有力になっている。中央アジア原産で、日本には中国から渡来したとされ、弥生時代から栽培されていたという。

好きで身につけるのが教養、嫌いでもやらされるのが教育だとすれば、戦後は教育をモスラ的に肥大化させたため、私などは教養を身につける機会を逸したと、最近つくづく思う。なお祖父は明治二十年生まれで、小学校しかでていない。

苧《ヲ》はアサの古い別称で、アサの実を苧の実と呼ぶのも、それに由来する。苧殻は繊維をとるためにアサの皮をはいだあとの茎で、そのまま燃料にもしたが、つけ木として売りに出されたり、染色して玩具、また供物に添える苧殻箸《ばし》が作られた。さらにこれを燃やしたあとの灰は、カイロ灰や火薬用の灰として売られたという。

とくに町におけるつけ木としての使用量はかなりのもので、苧殻を一定の長さに切って先端に硫黄を付けて売りに出されていたという。

ところで、よくテレビの時代劇などで、火打ち石や火打ち金をカチカチやると、行灯の火がつくという場面があるが、あれはうそである。

火花はまず火口《ほくち》に移されるが、これはあくまで火種。さらに炎を出して燃えるものを必要とする。それがつけ木である。つまりマッチの軸のような役目をしているわけだ。

話はとぶが、ギリシャ神話では、人類が火を得たのはプロメテウスが天上から盗んできたからだとされている。そしてそれを怒ったゼウスは、プロメテウスをコーカサスの岩につなぎ、ハゲタカが肝臓を食うにまかせたという。

では、プロメテウスは天上から地上にどうやって火を運んだのだろう。

そこにつけ木が登場する。普通の本では、フェンネル（ウィキョウ）を使ったと書いてある。ところが、深津正著『燈用植物』（法政大学出版局）によると、それは現在ハーブとして使われるフェンネルではなく、シリアから南ヨーロッパに分布するセリ科の二メートルを越える大型の多年草オオウイキョウの茎なのだという。この茎を乾燥したものは、中が空洞で火はその内部をゆっくりと燃えていくからだそうである。

洋の東西を問わず、昔はつけ木はかなり重要な生活必需品だったということだ。

ところで盆に火をたく習慣は、『日本年中行事辞典』によると、帰ってくる先祖をたいまつを灯して迎えるというのが起こりだという。農村部ではマツやワラを燃やし、東北地方ではシラカンバを燃やしたため樺火《かばひ》と呼ぶ地方もあるそうだ。

だけど町中で大きな焚火をすると火事の危険がある。そのため簡便に苧殻が使われるようになったということだろう。

その前提には、苧殻がつけ木として広く流通していたということがあったにちがいない。

それで思い出すことがある。私の子供のころには、贈り物を入れた器を返すとき、小型マッチを入れて返す習慣があった。これなども亡くなった祖父から聞いた話では、昔そのような場合には、つけ木を入れて返す習慣があったのに由来するという。

てなわけで、巴御前のせりふにも苧殻が登場してきたというわけだ。

ミソハギ

盆花の代表

ミソハギ　アカバナ科、ミソハギ属の多年草。分布は北海道〜九州、朝鮮。山野や田の用水路などの湿地に群生する。花期は七〜八月で旧暦の盆の頃に咲く。穂状花序は頂生し、花弁は六枚でしわが寄り濃い紅紫色。都会の近辺では圃場整備のため、最近では滅多に見ない。

ボンバナ（盆花）の呼び名を持つ植物がわりとある。キキョウ、オミナエシ、タケニグサ、オトギリソウ、ヒヨドリバナ、コマツナギなどであるが、サルスベリ、センニチソウなどの栽培植物の中にも、その名をもつものがある。

これはお盆の仏前に飾られたからであるが、ミソハギはその代表のような草で、ショウリョウ（精霊）バナやホトケサマバナの別名もある。ハギとついているがマメ科ではない。名の由来については、ミソは水辺に生えるからというので溝ハギ説もあるが、禊《みそぎ》ハギのほうが有力とされている。

ところでこの花は、植物学上では三種類の異なった花を持つことでよく知られている。三種類とは雌しべの長さから名付けられた、長柱花と中柱花と短柱花である。長柱花は長い雌しべと中間の長さと短い雄しべをもち、中柱花は中間の長さの雌しべと長い雄しべと短い雄しべをもち、短柱花は短い雌しべと長い雄しべと中間の長さをもつ雄しべをもつ。

植物学の分野で知られているのは、ダーウィンが近縁のエゾミソハギを使って三種類の花の間で受粉を試み、その結実率を調べた研究があるからだ。

それによると、長柱花に長い雄しべ、中柱花に中間の雄しべ、短柱花に短い雄しべの花粉をつけた場合が、結実する率が最も高く種子数も多かったという。つまり異なった形の花の間での受粉ほど種子ができ、これにより他家受粉の確率を高めているのだという。

さらにこれについては、『フィールドウオッチング4』に植物研究家の建部民雄さんによる受粉後の花粉管の観察が載っている。それによると、ダーウィンの観察で高い結実率を示した組み合わせでは、花粉管の伸長速度が早く、そうでない組み合わせの場合は伸長速度が遅かったり、途中で停止してしまうのだという。

柱頭に着いた花粉は花粉管を伸ばし、胚珠に包まれた卵細胞に達し、精細胞を送り込み受精する。その花粉管の成長のふるまいによって受精率の違いが生まれているということらしい。

私の中でのミソハギはイチモンジセセリの大群と結び付いている。両方とも、夏休みの終わりごろ、残った宿題へのあせりを感じている頃に、出会ったからである。

ゴシュユ

嗅覚で読むか視覚で読むか

ゴシュユ　ミカン科、ゴシュユ属の雌雄異株の落葉低木。原産地は東部ヒマラヤから中国。『牧野新日本植物図鑑』によると、享保五年（一七二〇年）に中国から導入されたという。花期は八月。枝先に集散花序にのばし、多数の花をつける。

三重県の奥で、歌舞伎の直侍のせりふ「思いがけなく、丈《じょう》賀《が》に出あい」ではないが、ゴシュユの赤い実に出会った。昔、高知県で一度見たきりだからである。平たい球形で五つに分かれ、割ると切っ先鋭い刃のような香りが、鼻につん。だけど種子はなかった。これは江戸中期に中国から雌木だけが導入され、挿し木で殖やし各地で栽培されるようになったからだという。

ゴシュユは漢名呉茱萸の音読みで、この実はただ茱萸とも呼ばれ、漢方では健胃、利尿剤として頭痛、嘔吐、胸痛、腹痛に用いられ、駆虫剤にもされたという。

また中国では、旧暦九月九日の重陽の節句にこの実を身につけ邪気を払う風習があった。これはすでに『荊楚歳時記』にも載っている。

それで思い出すのは、高校時代に詩人の三好達治が旧制中学時代の先輩だというので読んだ彼と吉川幸次郎との共著『新唐詩選』（岩波新書）に載っていた、王維十七才の作とされる「九月九日、山東の兄弟を憶《おも》う」という詩である。

その一節に「偏《あまね》く茱萸を挿んで一人《いちにん》を少《か》かん」とあり、それに「人人の頭上には、まっかな茱萸《ぐみ》の色が小さく光る」という達治の解説が加えられていた。

それを読み「おや」と思った。私の愛読書である牧野富太郎著『随筆植物一日一題』に、「茱萸をグミとは馬鹿言えだ」と題し、茱萸はミカン科の植物だと強調されていたからだ。

さらに思った。この詩は受験のため長安に出てきて、重陽《ちょうよう》の節句のにぎわいの中で故郷を追想したもの、それには嗅覚という生理的なもののほうがふさわしいのでは、と。

と言うのは当時私も十六才と四カ月。山のキャンプなどから帰ってきた時、街角の辻に立ちのぼる小便の匂いとの突然の出会いに、「嗚呼《ああ》大阪よ」なんて思ったことがあったからだ。

だけど今では達治が視覚で読んだ理由もよくわかる。中年すぎると、嗅覚がめっきり鈍るのを知ったからである。

嗅覚は視覚や聴覚より言語化しにくい。まして鈍ってくると、つい忘れてしまう。それよりも、達治が本質的には「目の詩人」だったからなのかもしれない。

オケラ

邪気を払う

京都の八坂神社では、大晦日の夜から元旦にかけて白朮《おけら》祭りが行われ、オケラをたいて出る煙の方角から吉凶が占われる。

オケラは夜を徹してくべ続けられ、京の住人は吉兆縄《きっちょなわ》と呼ばれる火縄に火を移し持ち帰り、雑煮を煮る。またこの煙は無病息災に効があるとされ、参詣の人々は争って吸う。

これはオケラには邪気を払う力があるとされるからで、京都では節分に「白朮の餅《もちい》」と呼ばれる葉をつきまぜた餅も食べたという。また屠蘇《とそ》にも入れられる。

ところで、十七世紀前半に安楽庵策伝が著した『醒睡笑』に、こんな小咄《ばなし》が載っている。

オケラ キク科、オケラ属の多年草。分布は本州〜九州、朝鮮、中国（東北）。やや乾いた草原に生える。花は九〜十月。花色は白または淡紅色。総苞の下に二列の魚骨状の苞があり、触ると痛い。

ある男が医者から薬の白朮《びゃくじゅつ》とはオケラのことだと教えられた。そこで人を集め宴会を開いて、召使にオケラを持ってこさせ、「白朮《びゃくじゅつ》を掘って参りました」と言わせる。それを聞いた男はしたり顔で「そこにオケラ」と、だじゃれを言って知識をひけらかした。

それを見ていた男がまねをする。ところが召使は、つい「オケラを掘って参りました」と言ってしまう。そこで男は仕方なく、「そこに白朮せよ」と言うというのが落ち。

昔から植物の名を漢名で言ったり書いたりするのを、ひけらかす連中がいたわけだ。ところでオケラの漢名としては、白朮の他に蒼朮《そうじゅつ》もよく使われる。

「蒼朮の煙賑はし梅雨の宿」　杉田久女

この句は現在ではほぼ忘れられた習俗を詠んだもので、梅雨にオケラをたいてその煙で部屋をいぶすと湿気がとれ、病の発生をおさえるとされていたものだそうだ。

この風習については、『和漢三才図会』にも「蒼朮。湿を治するに、上中下、皆用うべき有り。すべて諸鬱《うつ》を解す」とある。

また十八世紀末の山東京伝の黄表紙『金々先生造化夢《ぞうかのゆめ》』にも、「地の下は湿気が多いから、朔日、十五日、二十八日には、蒼朮を焚《た》くなり」とある。

さらにこんな川柳もある。

「蒼朮が不二の裾野へやたら売れ」

「不二の裾野」は日本橋の目抜き通りから富士山が見えるため、そこに店を構えた呉服店の越後

屋（三越の前身）の別称となっていた。その越後屋では梅雨時になると、オケラを大量に買っていたという意味である

ではこの蒼朮と白朮は、同じなのか別なのか。

調べてみたら、案外ややこしいようである。

『世界有用植物事典』では、蒼朮は中国原産のアトラクティロデス・ランセアとその変種のシネンシスやシムプリシフォリアで、白朮はA. マクロセファラだとある。

つまり中国原産の別種の名だというわけだ。

すると日本での蒼朮や白朮は、ただオケラに当てはめただけということになる。だけど蒼朮と白朮とを書き分けた文もある。

すると蒼朮と白朮が別々に輸入されていたのだろうか。

漢方薬の本を開いてみたら、蒼朮は根茎の肥大した皮はぐ前のオケラで、はいだのが白朮だとあった。おそらく日本で区別する場合はこの意味だろう。

ただしその伝でいけば、先の小咄も正確には「蒼朮《そうじゅつ》を掘って参りました」と言うのが正しいことになる。だがどうも白朮と蒼朮との使用には、地域的な差もあるようだ。江戸川柳ではほとんど蒼朮が使われ、上方では白朮が使われている。

さてこのオケラ、なぜか万葉集の東歌にウケラという名で四首も載っている。

「恋しけば袖も振らむを武蔵野のうけらが花の色に出《づ》なゆめ」（三三七六）

そのうち三首がこの歌のように「色に出づ」（表情にあらわれる）の序詞に用いられている。でもこんな目立たない花を「色に出づ」の序詞に使うのは、ぴんとこない。

この理由については諸説あるけれど、当時の東国には、その開花に民俗的な風習と関係する何か象徴的意味があったのだろう。

ところで、オケラの新葉は山菜としても珍重された。とくに信州では評価が高かったようで、民謡に「山でうまいはオケラにトトキ（ツリカネニンジンやソバナ）」と唄われている。

これは、昔はオケラの生育地である草原が広かったということでもある。牛馬のための放牧地や採草地、さらに屋根ふき用の萱場《かやば》などが広く確保されていたからだろう。

八坂神社の白朮祭りに使われるオケラも、明治時代には大原女が採集したのを使っていたとある。ところが昭和初期の『京都民俗志』（平凡社東洋文庫）には、白朮祭りのオケラには出雲産を使用していたとある。すでに京都近辺では野生品は減っていったらしい。

そこで薬屋をしている友人に聞いてみたら、「今の白朮は日本産どころか、ほとんど中国産のオケラやで」と返ってきた。

小咄の落ち風に言えば、「日本のオケラは、とっくにオケラ」と言うことらしい。

なお中国産は日本種とは別種で主成分も異なるそうだ。現在の八坂神社で使うオケラがどこ産なのか知らないが、邪気払いの効果もオケラということでは、ちょっとさびしい。

自然観察と保全によせて

マンサク

左右不対称形の葉

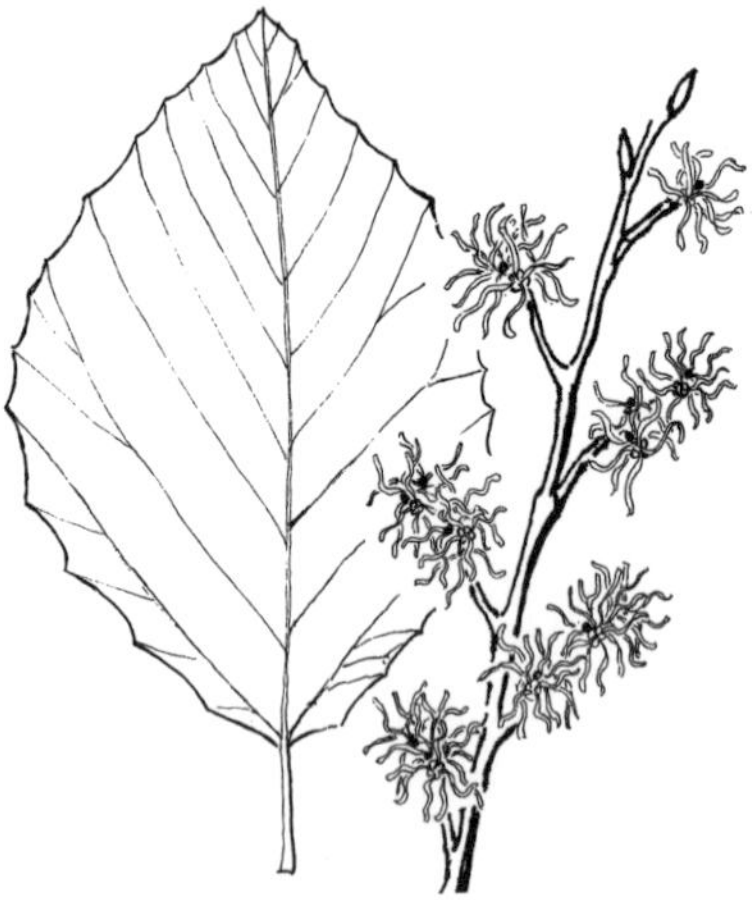

マンサク　マンサク科、マンサク属の落葉低木、ただしときには高木となり一二メートルになるという。分布は本州、四国、九州のおもに表日本海側の落葉樹林帯。花はふつう黄色だが紅色を帯びるものもあり、ベニマンサク、ニシキマンサクなどの品種がある。

「寒いから香りがないの?」とマンサクの香りを嗅いだ人が言った。するとわきから「寒いから花も小さいんや」と声がかかった。

でもこれは誤解。二人がイメージしているのは、たぶん中国産のシナマンサク。これは芳香があって、花も一回り大きい。植木屋ではよくマンサクの名で売られているため、誤解したのだろう。ときは四月下旬、滋賀県の奥で行った観察会でのことである。ただしここのは日本海側に分布する変種のマルバマンサクである。

またある初夏の観察会で、葉を見せて「何ですか?」とたずねたら、手を挙げた人は少なかった。

答を出して「花を知っている人は?」と質問したら、手を挙げる人が増えた。

さらに、「この葉は左右がぐいち（五一）になっているのが特徴です」と言うと、「家に植えてるけど、はじめて知ったわ」という人もいた。

草木の葉のほとんどは、主脈を軸としたシンメトリーになっている。左右が不対称になる葉は、エノキなど他にもあるけれど、珍しい特徴である。

幸田文は『木』と題した随筆集で、木を知るにはヒノキのような常緑針葉樹でも「一年をめぐらないと確かではない、という要心」をしていると記している。

これは自然観察の原則でもある。だけど、とくに花や実を観賞するという「機能」を目的に植えられた場合は、その「要心」が、つい忘れられてしまうことが多い。

ところでマンサクには、観賞という「機能」以外の利用価値もある。

私がそれを知ったのは、三十年ほど前東北地方を歩いていたときである。切ったマンサクを束ねている人にであった。何にするのかとたずねたら、たきぎをしばるのに使うということだった。

確かにこの枝は弾力があり、折れにくい。樹皮も強く、折れた場合でもなかなかちぎれない。帰って調べてみると、丸太を川に流すいかだを組むときや、飛騨白川郷の合掌造りの材をしばるのにも使うと載っていた。

そこで生け花に使ったあとの枝なども、熱湯につけ柔らかくして輪にすると、なかなか素敵なリースの台になる。

ザゼンソウ

雪の中で発熱する花

ザゼンソウ　サトイモ科、ザセンソウ属の多年草。本州以北の寒冷地の湿地に生育。別名はダルマソウ、ベコ（牛）ノミミ、ウシノシタ（舌）。花期は三〜五月、仏炎苞は普通濃いえび茶色。花序は楕円形で花は密につき、開くと黄色い花粉がよく目立つ。

ひゅーひゅるると風がきて、ふるえあがった。春寒のころ滋賀県北部を訪れたら、雪原にザゼンソウの花が並んでいた。「いたはる身さへ雪風に、こごえる手先ふところに、暖められつ暖めつ」と誰かが言った。すると別の誰かが「それは新雪の話やで」とつっこんだ。これは近松の『傾城恋飛脚』で、梅川と忠兵衛が公金の四十両を使い果たして二分残り、新口村に落ちのびる道行きの有名な文句だからである。ところでじつは、ザゼンソウの花も「暖められつ暖めつ」しているのだそうである。植物も活動中は生理反応のため発熱し、温度が上がる。例えばモヤシが暖かいのもそのためだ。

だが草では、ふつうは雪解けのあとに伸長する。ところがザゼンソウの場合は、雪の下でつぼみそのものが発熱し、雪を溶かしつつ成長するのだという。形も手あぶり火ばちに似ているが、実際にも熱を出しているというわけだ。

ただし、そんな投資をしてまで早く開花する理由は不明だという。

ただ確かなのは、発熱が昆虫を集めるのには役だっていることである。その頃には、昆虫の数も少なく活動力も低い。そこでそれが手ごろな屋根付きモーテルとなる。

この草のもう一つの特徴は悪臭。そこで日本産のものより悪臭の強い北米の変種はアメリカ語でスカンク・キャベッジと呼ばれている。

この悪臭で受粉昆虫のハエ類を集めるのだが、発熱はその点でも役立っているのだろう。つまり香道で使われる銀葉の役目を果たしているというわけだ。

葉は花より遅れて開き、成長するとかなり大きくなり、花の頃のかわいいイメージはなくなる。別名のベコノシタ（牛の舌）は、仏炎苞の見立て説もあるが、そんな葉に由来するとの説もある。

ただしこの葉はなかなか有用だったようである。

アイヌ語ではシケルペ・キナと呼ばれ、葉をゆでて乾燥・保存し、冬の野菜として利用していたという。なおシケルペはカラフトキハダの果実で、葉がその実と似た味がするので、そんな名がついたのだそうである。また北アメリカの先住民たちも同じように食べていたという。さらに開拓時代には、白人たちも芽や根茎をブタの餌に利用していたそうだ。

カツラ

泉との深い関係

カツラ　カツラ科、カツラ属の三〇メートルをこえる雌雄異株の落葉高木。分布は北海道～九州。おもに温帯に生育する。花期は三～五月、葉に先だって開く。葉は特徴のあるハート型で対生　果実は秋に熟し袋果で熟すと黒紫色。なおカツラ科はカツラ属だけからなり、日本と中国に二種ある。

秋の黄葉が名高く、『枕草子』にも「花の木ならぬは、楓、桂」とある。だけど春のカツラもなかなかいい。新芽は紅赤色。花には花弁もガクもないけれど、葉の開く前に咲き、長く突き出た雄しべの鮮やかな赤が遠くからもよく目立つ（図下左図、右は雌花）。はじめて見たのは、小学生のころ母につれられ愛染さん（大阪上町台地にある愛染堂）に詣でたとき。境内の泉のそばの「愛染かつら」を教えられた。この木は良縁または恋が成就するとして信仰を集め、戦前には田中絹代と上原謙主演の映画の題にもなった。ただし上町台地は谷ではなく丘。だからこれは植えたものである。

なぜ植えられたかというと、古来カツラは泉のシンボルとされていたからだ。

それは古く『古事記』の海幸・山幸の物語にも登場する。山幸が失った釣り針を求めて海中を訪れたところ、わたつみの神の宮の井戸の上にあったとされるのが、湯津香木《ゆつかつら》である。明治末に夭折した青木繁の『わたつみのいろこの宮』に描かれている木もそれである。

こんなイメージが生まれたのは、水の豊かな谷沿いに多く生え、よく根もとから湧き水が出ていることもあるのだろう。各地のカツラの巨木を訪れると、たびたびそんな光景にであう。

ところで、カツラの葉は京都の葵祭りでも飾られる。これも北山から京都盆地に出る賀茂川のシンボルとして信仰されていたからだろう。また京都には桂川も流れ込んでいる。

ただし桂という字は本来は香りの強い木の総称で、クスノキ属やモクセイ類をさす。例えば肉桂や月桂樹は前者、有名な観光地の桂林や桂花酒や清の阮元の詩「菊花は恙《つつが》無く桂は叢を成す」はキンモクセイで後者をさす。

だから桂の字を使うと、いろいろ混乱が起こる。

私は植物名の表記に関しては断固国粋主義。それにカナは日本語の表記のために発明されたもの。小学生でも読める。草木と親しくなる第一歩は名を知ることであるからだ。

ではどうして桂がカツラの表記に使われたのだろう。

詳しい由来は知らないが、独特の香りがあるのも一つの理由だろう。秋の落ち葉を踏んで歩くと、カルメラ焼きのような甘い香りが漂ってくる。

カツラはこのように水と関係が深いため、農民に畏敬の対象とされたようで、各地で大木は神木として崇められている。また砂鉄から鉄を生産するタタラ製鉄を行っていた人たちの尊敬も集めていたそうである。これは砂鉄を選別するのに大量の水を必要とするからだ。

さらにアイヌ民族にとっても、カツラは大事な木であった。

私が初めてカツラの林を見たのは、大学入学の六四年の秋。札幌の円山原生林を訪れ、そのカツラ群落の規模と黄葉の素晴らしさに感激した。

ところが調べてみたら、北海道が原生林におおわれていたころは、カツラの巨木はどこにもあり、明治以後の移住者たちの開拓のじゅまになるほどであったという。

アイヌ民族にとって重要だったのは、なにより丸木舟の素材としてである。材が軽くてよく浮くからだ。丸木舟はヤチダモからも作られたが、争ってカツラが求められたという。アイヌ民族にとっての丸木舟は生産手段。どんな生産でも、生産手段の良否が生産力をほぼ決めるからである。

萱野茂さんの『アイヌ歳時記』（平凡社新書）によると、新しく舟を造ったときには感謝の意を込めチㇷ゚サンケ（舟おろし祭り）を行い、舟にするカツラを選ぶ時にもイナウ（削りかけ）を立て、酒をささげてて感謝したという。

さらに臼やきねや織物を織る梭《ひ》など多くの生活用具も作られ、樹皮はタンニンが多いため染料に用いられ、さらに燃やした灰の上澄みはシャンプーに使われたという。

だからカツラの伐採は、アイヌ民族の生産＝生活手段をも奪うことになった。しかもカツラの生える大地（アイヌモシリ）は、アイヌ民族が土地私有の観念のないのにつけこみ、明治六年の「地租改正条例」で維新政府が奪ったものである。ただし移住者も、明治維新による失業士族やその後の産業資本の形成過程で貧窮化した人々。彼らが森林を切り開く労苦も、並たいていのものでなかったことも事実である。

ところで、ビアスの『悪魔の辞典』（岩波文庫）では、原住民をこう定義している。

「新たに発見された地域にあって、その土地の場所ふさぎをしていると考えられる、ほとんど無価値に等しい人々」

これはフロンティア・スピリット（開拓者魂）なるものへの皮肉であるが、この精神のもとにアパッチ族やシャイアン族やスー族が追いたてられ殺された。

はじめて円山のカツラ群落を見たときは、都市の中の大自然に感激した。だけど一九六九年、騎兵隊によるシャイアン族の虐殺を描いた『ソルジャーブルー』を見た時気がついた。そのカツラは虐殺からのがれたシャイアン族にすぎないのだと。なおこの虐殺は一八六四年明治維新の三年前のことである。

テレビの自然番組などのナレーションでは大自然なんて言葉を連発するが、自然の姿も歴史的に見ないと、簡単にその価値を云々できない。

歴史的に見るとは一種の定点観測だ。ただそのタイムスパンが長すぎるため、意識しないと見えてこないだけである。

シダレヤナギ

しだれの不思議

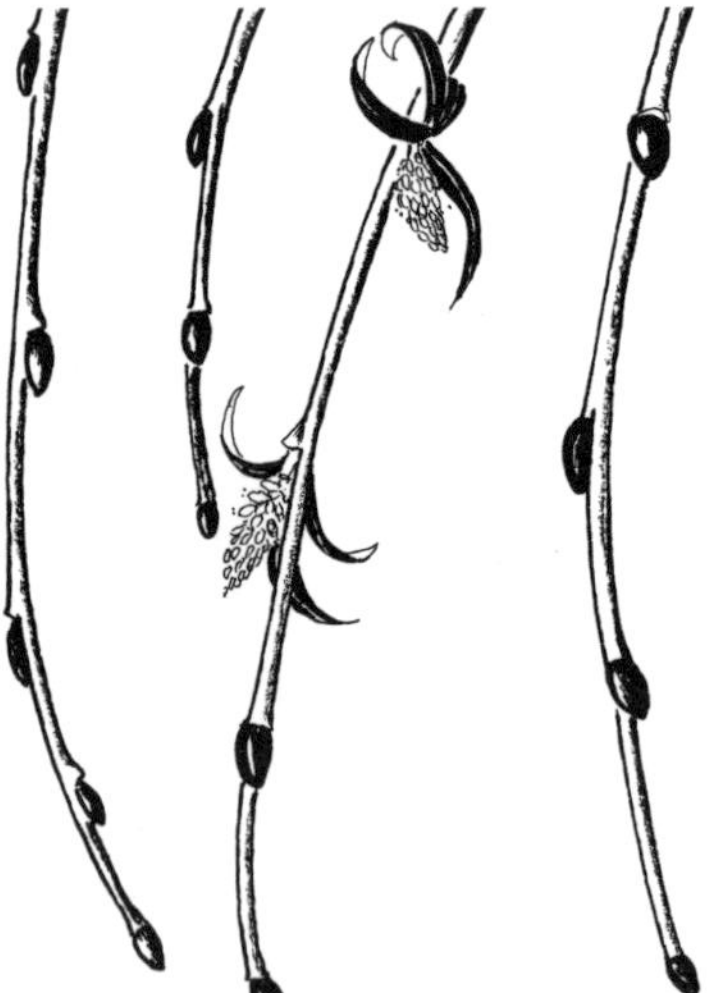

シダレヤナギ　ヤナギ科、ヤナギ属の落葉高木。ただし世界中に広く植栽され、熱帯圏では半常緑。学名はバビロニカ。これはヨーロッパ世界から見た東方渡来の植物のイメージによる。中近東のものも古く中国から渡来したとされる。

「凩《こがらし》やあとで芽を吹け川柳」　柄井《からい》川柳

飾りのついたケイ線を花ケイと言うが、それに「」というのがあり、メヤナギと呼ぶそうだ。私はこれを印刷屋の友人から教わったのだが、その時てっきりネコヤナギと思い込み、「芽が小さすぎるやんか」と、つっこんだ。すると「シダレヤナギやからケイ線になるんや」と返された。なお英語ではシダレヤナギはウイーピング・ウィロー、すなわち「泣いているヤナギ」と呼び、花言葉も「死者へのなげき」という。

そこでこれもてっきり芽からの連想だと思っていた。ところが春山行夫著『花ことば』（平凡社）

によると、これは旧約聖書の詩篇のエピソードに由来するのだそうである。

ぷっくりふくれたシダレヤナギの芽も可愛いが、それがほどけるときの姿もおもしろい。

「春の日の　影そふ池の鏡には　柳の眉ぞまずは見えける」　後撰集　よみ人知らず

芽から現れた細い葉を眉に見立てたわけだ。

解剖学の養老孟司さんがこのシダレヤナギについて、本の題名は忘れたが、こんなことを書いていた。枝が下へと下へと延びても水面に当る直前に止まるのはなぜだろう、と。

この指摘は面白いと感心し、その話を友人にした。すると「花札のカエルとおんなじや、跳びつかれて、ちぎれるねん」と、小野道風の説話で一本とられた。

そこで、疑問が生じるといつも質問するS先生に電話した。すると「はっきりとは言えないが、風の強い場所に生える植物の背が低い理由と同じではないのかな」と返ってきた。

植物は接触刺激が与えられると、ホルモンの一種エチレンが出て成長が抑制される。これが海岸などの風の強い場所の植物の背が低い一つの理由。しだれた枝の先端も常に揺れている。それが原因では、というわけだ。となれば友人の冗談も、当らずとも遠からずということになる。

だけど考えたら、光合成をする植物がしだれ性になるというのはハンディキャップである。もちろん岩壁などに生育する木の場合は、しだれ性が有利なこともある。でも元来上にのびる樹木の場合は不利になる。だからシダレ性の樹木は栽培でしか見られない。これは自然の中では競争に負けていつか消えてしまうからだろう。

ではシダレヤナギにも、上向きの原種というのがあるのだろうか。ところがシダレヤナギの起源は古く、中国原産と言われながら未だに自生は見つかっていないという。

こんな疑問をもっていたら、十年ほど前の京都園芸倶楽部の機関紙に、京都の六角堂に地面を這う地摺《じすり》柳と呼ばれるシダレヤナギがあると載っていた。生物にはたいてい例外がある。では地摺り桜や地摺りケヤキなんてのもあるのかしら。

話はとぶが、シダレヤナギは歌謡曲に最も多く登場する植物でもある。

これは直接には、江戸時代から唄によく歌われてきたからだろう。が同時に「昔なつかし銀座の柳」のように街路樹の代表だったからでもある。

街路樹としてのシダレヤナギの歴史は古く、万葉集にもこんな歌が載っている。

「ももしきの大宮人のかづらける　しだり柳は見れども飽かぬかも」（一八九二番）

「春の日にはれる柳を取り持ちて　見れば都の大路し思ほゆ」　大伴家持（四一四二番）

歌謡曲は大正の終わりから昭和の初めに、レコード産業とともに生まれ、近代産業の発展とともに都市に流入してきた人たちによって支えられてきたものである。

だから都市や都市への憧れを歌ったものがほとんどである。その点では唱歌や童謡が農村を歌ったのとは、対照的になっている。

だけどその消費者たちはマロニエやポプラにはまだなじめない。でも都市を象徴する街路樹への憧れは強い。その接点にあったのが、シダレヤナギだったのだろう。

サクラソウ

蜂と自然保全

サクラソウ　サクラソウ科、サクラソウ属の多年草。分布は北海道南部、本州、九州、朝鮮、中国東北、シベリア東部。生育地は山麓や川岸の湿気の多い野原。全国的に激減し、絶滅した所も多い。江戸時代から作られた品種は五〇〇〜七〇〇に達するという。

「売り切って日なたをかへる桜草」　柳多留

てんびんぼうを肩に、サクラソウの鉢植えを売って回る光景を詠んだ句。江戸市中では、毎年春になるとそんな光景が見られたという。

こんな光景は江戸中期から始まったとされ、荒川流域から採集したものが栽培され、産地としては戸田が原、尾久村、染井村、巣鴨などが名高かったという。

荒川の氾濫原に見渡すかぎり群生していたそうだが、これは当時の河原がいかに広かったかということでもあり、そんな光景は明治中期まで残っていたようだ。

永井荷風も小学生時代の思い出として、板橋の浮間ケ原にわらじばきで採集に出かけたと、「葛飾土産」(『荷風随筆集・上』所載、岩波文庫)に書いている。

だが明治以後近代式の河川工法が導入されるとともに、河川は直線化され川幅はどんどん削られ、今では特別天然記念物指定の埼玉県浦和市の田島ケ原だけが残ったというわけだ。

ところで、サクラソウの花については、加藤憲市著『英米文学民俗植物誌』に、イングランド北部の面白い恋占いのことが載っている。

雌しべの花柱をはさみで切り、人目につかぬところへ隠し、一日一晩相手を思いつめ、翌日花柱がもとの長さに伸びていれば、恋が成就されるというものである。

これはサクラソウ類の花が異型花柱性であることから生まれた占いだろう。

この花には雌しべが長く雄しべが短い長花柱花と、雌しべが短く雄しべの長い短花柱花の二タイプがある。これは株ごとに異なり、受精は異なったタイプの花の間でしかおきない。

おそらくこの恋占いも、もともとは選んだ花の花柱の長短によって恋の成否を占ったのが、いつの間にか花柱が伸びるとされるようになったのだろう。

さて、面白いのは、このサクラソウが異型花柱であることが、じつは田島ケ原の群生地の運命とも深く関係していることである。

田島ケ原では、生育地を縄張りした結果、株も増加していた。ところが毎年花は咲けども実はならぬ。そこで遺伝子解析をしてみたら、遺伝子の均一化がかなり進んでいることがわかったのだぞうである。遺伝子の多様性が失われると、環境変化に対応する能力が低下し、近親交配が進むと生存に不都合な劣性形質が現れて、それが絶滅につながっていく。

そこで原因の調査・研究が行われた。その過程を一般向けに書いた鷲谷いづみさんの『サクラソウの目』（地人書館）の結論だけを紹介すれば、周囲が市街地化したり農薬まみれのゴルフ場になったため、花粉を運ぶトラマルハナバチが来なくなったからなのだという。

吉野弘の「生命は」という詩にこんな一節がある。

生命は／自分自身だけでは完結できないように／つくられているらしい
花も／めしべとおしべが揃っているだけでは／不十分で
虫や風が訪れて／めしべとおしべを仲立ちする
生命は／その中に欠如を抱き／それを他者から満たしてもらうのだ

生物は複雑にからみあった関係性において成立している。ただ生育地を囲うだけの従来型の天然記念物指定方式の「保護」では、自然は守れないということである。

つまり現在の自然保全には、生態学的な総合的調査と研究が求められるということだ。しかも実際に保全を試みるとなると、試行錯誤的な実験によるノウハウの蓄積が必要となる。

それは縄を張ってお終いというほど、お手軽で安上がりではない。金もかかる。時間もかかる。つまり、はりぼてのテーマパークを作るほど簡単ではない。

もちろん、それに税金をかけるかどうか、それはこの国の国民の考え方次第。

サンシュユ

おさわり植物学

観察会などでサンシュユを前にすると、必ずといっていいほど『稗つき節』の「庭のさんしゅうの木」と歌う人がいる。

だが『稗つき節』のさんしゅうは、じつはサンショウ（山椒）のことだとされている。サンシュユの渡来は新しく、享保七年（一七二二年）と、はっきり判っているからだそうだ。

数年前、新聞掲載の点字訳の許可を求める電話があった。そして「視覚障害者が植物に親しむいいアイディアはありませんか?」とたずねられた。

その時紹介したのが葉の「おさわり」体験。草木を触覚で知るゲームである。

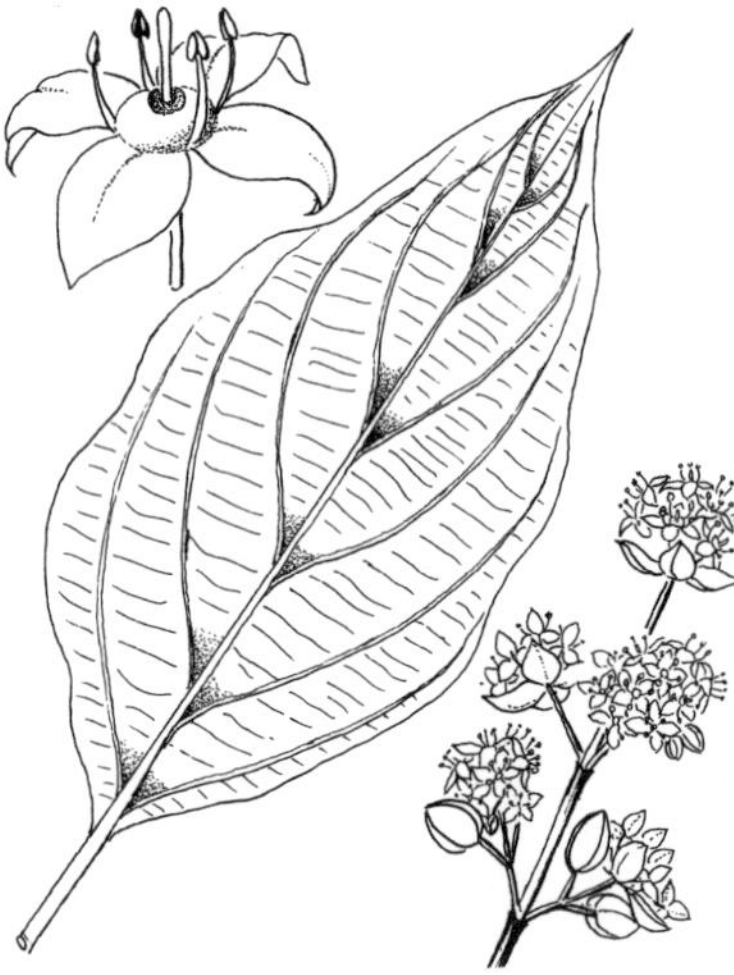

サンシュユ（ハルコガネバナ）　ミズキ科、ミズキ属の中国、朝鮮原産の落葉小高木。葉は対生で、両面T字状の伏毛でおおわれ、上面に光沢がある。名は漢名の山茱萸の音読みで、日本で誤ってつけたものとされているが、現代の『中国高等植物図鑑』ではこれが使われている。

ツバキとサザンカの鋸歯のちがい、クヌギとアベマキの葉の裏の毛の有無、ホトトギス類の茎の毛の上向きと下向きのちがいなど。そしてその中にサンシュユの葉も含めておいた。

この葉は側脈が裏に隆起し、その分岐部にブルネットの刺毛が生える。葉の形は同属のヤマボウシやハナミズキなどとよく似ているが、この刺毛はサンシュユだけにある。

だがじつはこのアイディアは、箕面に住む友人が近所の老人から教わった話がヒント。子どものころ、後ろからしのびよって、葉の裏をほっぺたに、こすりつけて遊んだのだそうだ。すると毛がささって、「かゆうてたまらんかった」と言っていたという。

この話を聞いたとき、あっと思った。それは白井光太郎著『樹木和名考』に、和歌山県や高知県でミズキをハシカノキと呼ぶ理由は、「葉の裏面の暗毛ある部をもって顔面を摩擦すれば、痺痛を発するに因る」と載っていたことだ。ただし私はこの原文はみていない。何かの本に引用してあったのをノートしておいたものである。

ミズキの葉は摩擦しても痛くもない。ずっと不思議に思っていた。おそらくサンシュユの葉の話と混同されたのだろう。

ただし刺毛も、生える流れに逆らわなければ、それほどかゆくない。それを加えたのは、自然はただ優しいだけではないということも、知ってほしかったからである。

ところで、観察会でも目をつぶり手触りだけで種類を当ててもらったら、あまり当らなかった。私たちのような「目あき」は、その分触覚が鈍くなっているのだろう。

ツゲ

風土記と植物地理学

ツゲ（アサマツゲ）
ツゲ科、ツゲ属の常緑低木。分布は伊豆諸島と関東以西～屋久島、おもに石灰岩や蛇紋岩地帯に点在的に生育する。花期は三～四月。大きくなると高さ三メートル、径一〇センチになる。アサマツゲは伊勢の全山蛇紋岩の朝熊山に由来する。

淡黄色の花は花弁を欠きガクも小さいが、一つの雌花を数個の雄花がとりかこみ、ぴんと立った雄しべがかわいい。

観察会で、「ツゲの名から連想するものは」と聞いてみた。すると最も多く出たのは櫛と生け垣だった。だがじつはこの二つ、今では関係はかなりうすい。

生け垣のツゲと呼ばれる木には二種ある。一つは標準和名ではイヌツゲ、これはモチノキ科で葉は互生。だから櫛のツゲとは無関係。もう一つは葉が対生のもの。これは種としてはツゲであるが、ヒメツゲという変種で一メートル程度の低木。当然材などとれない。

またツゲ材で現在一番流通しているのは、タイ産のシャムツゲだという。でもこれはツゲ属ではなくアカネ科のクチナシ属である。

本ツゲと呼ばれるツゲ材の主産地は鹿児島県と東京都の御蔵島であるが、今や貴重品。ただし鹿児島産のものも、正確にはツゲとは亜種関係にあるタイワンアサマツゲである。ツゲの漢語の黄楊はこれのことで、原産地は中国、台湾、沖縄。鹿児島のは江戸時代に沖縄から持ち込まれ、屋敷の周囲に植えられたのが起源だとされている。

ところで、『豊前国風土記』の福岡県香春岳の項に「黄楊の樹生ひ、また龍骨あり」という記載がある。龍骨は動物化石、まさに石灰岩地帯の証拠。これをセットで並べたのは現在の植物地理学的記載としても、どんぴしゃりである。

ツゲは万葉集や平安時代の歌などにも登場するが、全て櫛や枕の素材として詠まれている。近畿にも伊勢の朝熊山などツゲの産地はあるが、中央では材しか知られていなかったのだろう。

ところで「黄楊の花」は春の季語とされている。そこで歳時記をめくると、こんな句があった。

「黄楊の花ふたつ寄りそひ流れくる」　中村草田男

ツゲの花は咲き終わると花弁も雄しべもばらばらになる。この句の花はイヌツゲだろう。確かに生け垣では、イヌツゲもツゲと呼ばれる。そのレベルで言えば誤りではない。だがツゲは古典以来のイメージも含んだ木である。それにイヌツゲの咲くのは六月頃。なにはともかく『風土記』の記述の正確さに、脱帽。

オキナグサ
視線を変えて花を見る

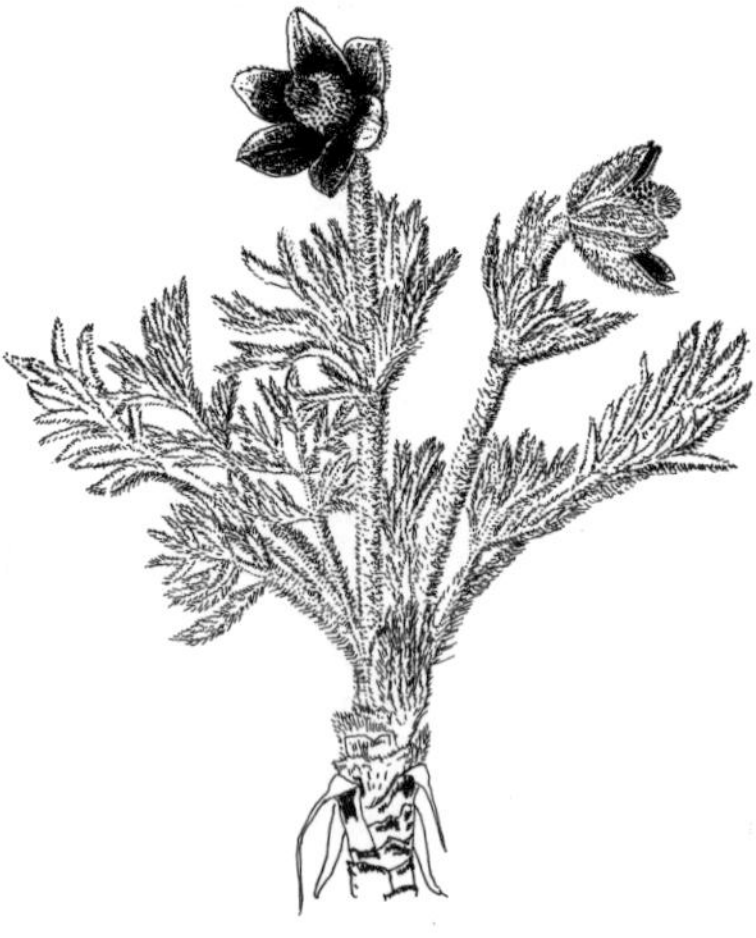

オキナグサ　キンポウゲ科、オキナグサ属の多年草。本州〜九州、朝鮮・中国の暖帯〜温帯の日当りのよい草原に生育。草原の減少と山草栽培用の乱獲のため全国的に絶滅寸前。花期は四〜五月。この属では日本には他に一種、北海道、本州中部の高山帯に生えるツクモグサがある。

オキナグサを見つけたという友人に誘われ、写真を撮りに出かけた。名は、果実が熟すと長い白毛が密生するのを、翁の白髪に見立てたもの。果実はこの毛によって風に運ばれ、種子散布をおこなう。

この花の写真は撮りにくい。光線の当り方と見る角度で色の印象がころっと変わるからだ。それについて、宮沢賢治は『オキナグサ』という小品で、こう書いている。

オキナグサは「黒じゅすででもこしらえた変わり型のコップのように見えますが、その黒いのは例えば葡萄酒が黒く見えるのと同じです」

そしてアリを登場させ、オキナグサを見上げ「まるで燃えあがって真っ赤な時もある」と言わせ、それに対し「お前たちはいつでも花をすかして見るのだから」と応じている。

アリを登場させたのは、花を見下ろすのと見上げるのとの視線の転換を導く狂言回しとしてであるが、花色が変化するのを透過光と反射光で見るちがいだと言っているわけだ。

だがこの場合は、クロユリなどでも同じであるが、花弁の表面にある凹凸の作る影がより黒く見せているのだろう。

またオキナグサのような釣り鐘型の花には、ハシリドコロやベニドウダンなど外側と内側で花色の異なるものや、ツルニンジンのように内側に模様のあるものがよくある。これは昆虫が離れて飛んでいる時と、間近にやってきて下からのぞいた時と、二段構えで昆虫を誘引しているのだという。オキナグサの見下ろした時と見上げた時の色の変化に、そんな意味があるのかどうかは知らない。だが昆虫の目は紫外線を感知することができ、人とは違った色に見えるという。もしかしたら、そういうことも関係しているのかもしれない。ただしアリはハチとは異なり、おもに匂いに頼っているという。

何はともあれ、花のことは虫の目で見なければ判らないと言う、賢治の目は確かである。

賢治のメルヘン的な表現は、ただ甘い洋菓子のクリームのような飾りではない。裏には鋭い観察と考察がある。そのあたりが賢治の一筋縄にいかないところである。

私もカメラを置き、寝ころんで、アリさんの目になってみた。

ツメレンゲ

クロツバメの食草

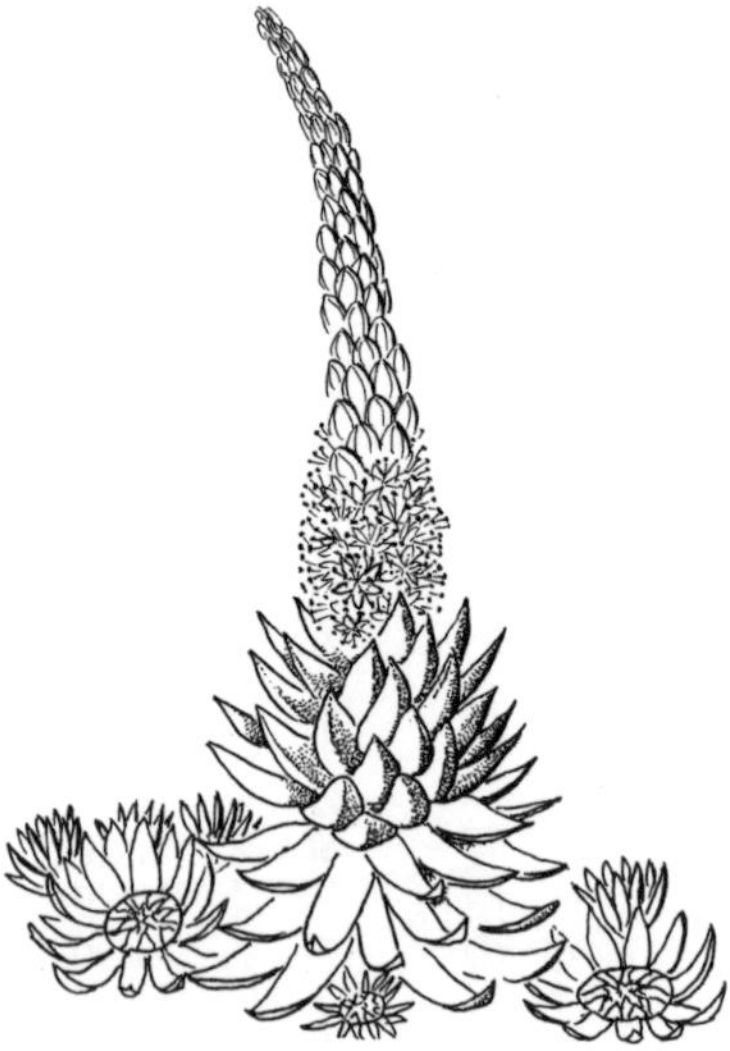

ツメレンゲ　ベンケイソウ科、マンネングサ属。分布は関東以西～九州。日当りのよい岩場や草葺き屋根に生育する。花は九月～十一月、小さな白い花が下から咲き、朱色の雄シべがかわいい。花の咲いた株は枯れ、放射状に葉を出した子苗が多くつく。

兵庫県の武庫川沿いにあるJR福知山線廃線跡のハイキングコースを歩いていたら、捕虫網を手に歩いている人にであった。「何がターゲットですか?」と声を掛けたら、「クロツバメです」と返ってきた。

クロツバメはシジミチョウの仲間。帰って虫好きの友人に早速電話。するとクロツバメは全国的に減少していて、原因は幼虫の食草のツメレンゲが減ってきたためだという。そしてそれには、案外岩場の崖のコンクリート吹き付けが影響しているのだそうである。

ところが、このコースは明治時代の開削以来そのまま。そのため古い岩場が残され、ツメレンゲの絶好の生育地となっている。そのため、近畿地方で数カ所しか残っていないクロツバメ発生地の中でも、一、二を争う場所になっているという。

この谷にもダム建設の計画がある。そこでツメレンゲへの影響はないのかしらと、兵庫県の市民向けパンフレットを取り寄せた。すると、従来とは異なるスタイルなので水没による影響は少ないなどと、戦争中の大本営のような宣伝だけが書かれていた。

だけど諫早湾の問題をみても、行政の「影響はない」という断言ほど怪しいものはない。御用学者の集まった審議会の出す報告なんて、信じたものが馬鹿をみる。私もバブルの時代にゴルフ場開発などの環境アセスメント調査の仕事をしていたが、御用学者の連中は何でもゴーサインを出していた。もっとも本当のところは、大人はただ馬鹿のふりをしているだけかもしれない。

話は蝶のようにとぶが、瀬戸内海に浮かぶ愛媛県に所属する岡村島という小さな島がある。数年前の新聞に、その島の子供たちのツメレンゲ復元計画について載っていた。その島の小学校の子供たちは、ツメレンゲが減ってきたため一九九三年からツメレンゲの増殖を続け、その結果クロツバメもようやく少しずつ増加してきたそうである。

大人たちが破壊してしまった自然を子供たちが復元しようとしているわけだ。ひとたび破壊されてしまった自然を復元するには、いかに地道な努力と長い時間がいるかということであるが、自然はむしろ彼らのものである。素直に「後世畏る可し」と信じたい。

さらに話は蝶のようにとぶが、調べてみると、ツメレンゲ減少の原因の一つに、草葺き屋根の減少もあるという。かっての草葺き屋根には、屋根の棟の強化用に植物を植えるという風習があったからである。有名なのはイチハツであるが、ツメレンゲやイワレンゲを植える地域もあった。多肉植物なので乾燥に強く、挿し木で株が簡単に殖えるからだ。

も一つ話は蝶のようにとぶ。

近年、都会のヒートアイランド現象の解消のためにビルの屋上を緑化することの効果が叫ばれ出した。そこで東京都では、一定以上の面積の新しいビルには一定の比率で屋上の緑化を義務付けるようになるという。すると今後さらにそれが強化されると新しい市場になるとして、造園や建設関係の企業が研究・開発にのりだしているのだそうである。

面白いのは、その緑化素材としてセダム属が注目されていることだ。セダム属とはツメレンゲが属するマンネングサ属である。なんのことはない江戸時代のまねごとである。

ただし研究対象にされているセダム属は外国産のマンネングサの仲間である。平米当りの価格が安いこと、またメンテナンスの費用の低いことが、勝負どころになっているからだ。

最近、都では米百俵なんておとぎ話をはやらしているそうだ。それなら国が少しは援助をして、その一部でもツメレンゲを利用したらどうかしら。そうすれば、今の大人だって少しは次の世代のことも考えていると、岡村島の子供たちに語ることができるかも。

もっとも昔の道徳話を垂れるぶんには、一切金がかからないけどね。

シラネアオイ

日本特産の貴重種

シラネアオイ　シラネアオイ科の一科一属一種の特産種。分布は中部地方の日本海側と東北地方と北海道のブナ帯上部から亜寒帯。林縁や林の中、または雪渓や雪田のそばにはえる。花期は五～七月、花弁はなく、花弁状のガク片が四枚あり、色は淡紫色でまれに白もある。

大阪府の最高峰金剛山の落葉樹林の下に、シラネアオイの花が咲いていた。

この花をはじめて見たのは、学生時代に試験休みで札幌から大阪への帰省の途中訪れた八幡平であった。その花はそれまで花の写真集で見ていたのとは、かなりちがった。

今から思えばそれは当時の印刷技術の限界だったのだろうが、ガク片にあるちりめん状の細かいしわが作り出す陰影は、よほどライティングに工夫しないと撮れない。

これは一科一属一種の日本特産種で、その意味では世界的貴重種である。ただし私が初めて見たころの図鑑ではキンポウゲ科とされていた。その後シラネアオイ科として独立させられ、世界で唯一日本にだけある科となったわけである。

名のシラネは日光白根山にちなむが、深山の草なのに、すでに十八世紀はじめの『増補地錦抄』に載っている。これは日光の山が山岳信仰で登る人が多かったために、早くから知られていたからだろう。また『北斎漫画』にも登場し、こちらは名を「山ぼたん」とし蝦夷産とある。

アオイは花がアオイ科のアオイに似ているからである。なお植物名にアオイのつくものは、他にもアオイスミレ、アオイカヅラ、アオイゴケ、ミズアオイ、フタバアオイなどがあるが、これらは徳川の葵紋に葉が似ているとして付けられたものである。

さて、当然金剛山のは植えたものである。おそらく近年増加している中高年登山客を呼ぶ目玉にしようとしたのだろう。

ただしこの植栽にはきわめて疑問が多い。

まず第一の問題はそれを落葉樹の自然林に植えていることだ。さらにそこには、常緑樹のシャクナゲやアジサイまでも植えこんでいる。

今や金剛山もほとんどがスギ・ヒノキの植林となり、しかも手入れ不足で林内が真っ暗になった所も多い。となると自然林は貴重なコア・ゾーン（中核地域）である。当然下草も貴重な植生であり、実際にそこには金剛山で数少なくなったものも生育している。

他の地域の植物を植えることは、自生の下草の生育地を奪うこととなる。まして常緑樹の木を植えることは、下草を枯らす直接的な破壊行為である。

バブル崩壊後、各地の自然公園でこの種の「整備」が増えている。そして行政は自然愛好者の増加のニーズに応えたものと宣伝している。

だが日本には、保全生態学の研究実績も専門家も少ない。これまで開発一本でやってきたからである。つまり自然公園を整備する体制も人材も備わってはいない。

すると当然、金剛山のような生態学のイロハを無視した、整備という名の破壊になる。なのに増やしているのは、ばらまき公共工事への批判をそらす煙幕としてだろう。口当りのいい自然愛護のための整備だと聞かされ、信じるのは「鰯の頭も信心」にすぎないわけだ。

金剛山の場合で言えば、コア・ゾーンとなる自然林を破壊してしまえば、次の世代がもし自然林に戻そうとしても、復元は不可能になる。

確かに「整備」は、今の足腰の弱った中高年登山客にとっては福音かもしれない。でもそれは次の世代に残すべき貴重な自然を、むさぼり消費していることになる。

自然に親しもうと出かけることそのものは、悪いことではない。だが現在は、それが自然にどれだけの負荷を与えるか考えなければならない時代なのである。でなければ、口当りのいい行政のでたらめな「整備」を裏から支えることになってしまう。

それはそうと、植えられたシラネアオイは、どこからきたのだろう。食用魚ですら漁獲地域の明示が義務付けられたというのに、何の表示もしていない。もしも山取り品を買ったのなら、密猟の象牙を輸入するのと同じことである。

ハルジオン

雑草は時代を写す

ハルジオン　キク科、ムカシヨモギ属の短命の多年草。原産地は北米。名は春に咲く紫苑の意味。花期は四月～八月、花色は淡紫紅色で、ヒメジョオンと異なり、つぼみのとき枝の上部がうなだれる。

バブル経済時代に地上げされた空き地にハルジオンの花盛り。数年前にはヒメジョオンが占領していたが、今はオオアレチノギクとイネ科雑草とのパッチ・ワークのようになっている。このような植生の変化は生活史のちがいによるのだそうだ。

ヒメジョオンは秋に発芽する越年草。冬の寒気が厳しい場合はリスクも大きいが、大量の子苗を春に向けて準備する。そして春から夏にかけて一気に成長し、ひたすら種子をつくる。しかもこの花は受粉をしなくても種子をつくる。

だから一気に広がれる。ただし他の草が入り込み、陰になると発芽ができず、絶えてしまう。

他方ハルジオンは翌年開花する株もあるが、一年以上かかる株も多い。だが一旦定着すると、地下茎を延ばし先端に子苗をつくり、それなりに確実に殖えていく。そしてヒメジョオンと交替する。同じドラマが、この空き地でも起こったわけである。

ところで、永井荷風に東京の町に江戸を求めて歩いた『日和下駄』という作品があり、その中にこんな文がある。「あき地に繁る雑草……、道路のほとり溝の縁に生ずる雑草を愛する」と。

東京育ちの荷風にとっての自然の原体験は、雑草だったのだろう。

ただし荷風が雑草として挙げているのは、カヤツリグサやアカノマンマやハコベなど日本自生の草だけで、帰化植物はまったくない。もちろんハルジオンも登場しない。この随筆が出たのは大正初期、まだ園芸植物として入って間なしのころだから当然ではある。

東京でもまだ帰化植物が少なかったからなのか、それとも荷風が好まなかったからなのか、このあたりは微妙ではある。だが少なくとも、雑草に江戸の文化を重ねることができる程度には、日本自生の雑草が主流であったことは確かだろう。

東京から江戸文化を一掃したのは大正十二年の関東大震災だとされている。そしてハルジオンが東京で野生化しはじめたのも、震災以後だとされている。

他方ハルジオンが関西でも広がったのは、東京の偉い人たちが始めて惨めな敗北をまねいた戦争の後だという。ところで、東京の偉い人たちが始めて惨めに破綻したバブル経済は、日本の植生にどんな影響を与えたのだろう。

アベリア

都市の花と虫

街路の植え込みのアベリアの花に、ガの仲間のホウジャクが長い口をさしこみ蜜を吸っていた。まるでヘリコプターのホバリングのように空中に停止して。

なんと効率的な吸い方だろう、と感心して見ていた。だが考えたら、こんな吸われ方は花にとっては歓迎できない。花に潜りこまれてこそ花粉が運ばれる。これでは蜜のとられ損である。

日本自生のこの属は春〜初夏咲きだが、これは初夏から咲きはじめ、夏に一度減るが、秋になると再び咲きだし、花期が滅法長く、大阪では十二月まで咲いている。また挿し木で簡単に殖え、剪定にすこぶる強い。このへんがやたら増えた理由だろう。

アベリア（ハナツクバネウツギ）　スイカヅラ科、ツクバネウツギ属の半常緑低木。タイワンツクバネウツギと中国産のアベリア・ユニフロラとの雑種起源だとされる。大正時代に渡来し、近年街路樹の植え込みや生け垣として増えている。

少し歩くと、またホウジャクを見つけた。その時おやっと思った。山からはるばるやって来たにしては多すぎるのでは、と。

早速、虫好きの友人に電話した。「ホウジャクの食草は何?」と。すると「ヤイトバナ（ヘクソカズラ）や」と返ってきた。

そう言えば近年、ヤイトバナも増えている。さらに親の食料になるアベリアも増加し、定着したということらしい。

最近、アオスジアゲハも市街地でよく見かけるようになった。私の子どもの頃には、大阪府でもかなり南部に行かないと見られなかったのに。

この原因としては、都市の温暖化とくに冬季の気温上昇と、食草のクスノキが街路樹に増えたのによるとされている

よく「都会には自然がない」と言われるが、じっくり観察すると、それなりの自然の営みが見えてくるものである。

話はとぶが、じつは私もホウジャク同様にアベリアを利用する。ただし使うのは花ではなくガク。このガクはプロペラ型で花後も残り、風で果実を飛ばす役目をしている。

秋になると赤くなるが、緑のままのものもある。それを乾燥し、水でうすめた木工ボンドにつけて、乾かし、数本をアートフラワー用の針金で束ね、クリスマスリースの飾りにしたり、山行きの帽子に飾ると、ちょっと素敵。

アオウキクサ

水質検査に使われる

アオウキクサ　ウキクサ科、アオウキクサ属の水草。日本全土に分布し、世界の熱帯～暖帯に広く分布する。花期は夏。葉は三～五ミリ。なおアカウキクサというのもあるが、これはシダ植物。

「萍《うきくさ》や池の真中に生ひ初むる」　子規

「生ひ初むる」という表現はうまい。ウキクサの名から目に浮かぶ光景は、池や沼の水面一面をおおう姿。そんなウキクサも、最初は水面にぽつんと現れる。それを示すことで、あれよあれよという間に広がるウキクサの成長のはやさに、夏の到来のはやさを重ね合わせたのだろう。

ところで、日本のウキクサ科には三属あり種類も多い。

ではこの句にふさわしいのは何だろう。

まずミジンコウキクサ属だが、日本にはミジンコウキクサ一種だけ。これは葉が〇・三～〇・八ミリで日本最小の種子植物。「生ひ初むる」ときは、あまりにも小さすぎる。

ウキクサ属では、ウキクサが第一候補。分布も最も広く、葉もこの科では最大で一センチ近くにもなる。多年草だが冬には枯れ、秋に殖芽と呼ばれる芽ができ水底に沈んで越冬する。この殖芽は翌春浮上し、新葉を出し成長する。よって「生ひ初むる」という表現にもぴったり合う。

つぎにアオウキクサ属。ウキクサ属とよく似るが、根が一本しか出ないのが特徴。この属は日本に六種分布するが、冬も葉が残る種類や分布地域の狭いのを除くと、最も候補にふさわしいのはアオウキクサだろう。葉はウキクサに比べると小さいが、ミジンコウキクサに比べれば「生ひ初むる」段階でも充分目につく。また生態的にも一年草なので、この句にはぴったり。種子は春に発芽し、一気に増殖する。

おもしろいのは、この草の増殖の速さを利用した水質検査のあることだ。この検査はアオウキクサ属の属名レムナの名をとって「レムナ・テスト」と呼ばれている。

立花吉茂著『警告する自然』（淡交社）に、大阪市内の雨水で成長量を調べたら、重金属量が多い地域ほど成長が悪かったとある。とくに銅と亜鉛が成長のブレーキになっているのだそうだ。

それを聞いて思い出すことがある。一九六〇年代の高度経済成長時代、古い瀬戸物の火鉢に金魚を飼っていたのであるが、浮かべていたウキクサが枯れた。考えれば、ひどい時代であった。

ともかく子規の時代とは異なり、「生ひ初むる」が即水面一面をおおうとはかぎらないわけだ。俳句の吟行にも、環境アセスメント調査のいる時代となり初むるということである。

イチハツ

わら屋根に植える

イチハツ　アヤメ科、アヤメ属の多年草。外花被片の中央部にとさか状の突起がある。この特徴は日本自生のシャガにもある。葉の巾は二・五〜三・五センチ。花期は五月で淡青紫色、白花もありシロイチハツという。

数年前のNHKテレビで、都市部の気温が周辺より上がるヒート・アイランド現象の緩和を植物を使って行うという研究について放送していた。

ビルの壁面や屋上に植物を植栽し、ビルにあたる直射日光を減らし、また植物の蒸散作用を利用してビル内の温度を下げ、夏のクーラー稼働を減らすというものだった。

それを見ていて、わら屋根にイチハツを植える昔の風習を思い出した。

「わら屋根にいちはつ咲いて橋の下」　村上鬼城

イチハツの学名はイリス・テクトルム。テクトルムはラテン語で屋根。これはロシアの植物学者マキシモビッチの命名だが、日本のイチハツをもとに名付けたものだそうだ。

この風習はヨーロッパ人の興味をいたく引いたようで、幕末に来日したイギリスの植物探検家フォーチュンも、『幕末日本探訪記―江戸と北京―』（講談社学術文庫）に、東海道神奈川宿のイチハツを植えたわら屋根の挿し絵を載せている。

だけど私は実際に屋根にイチハツを植えた光景を見たことはない。そこで図書館へ。すると『芝棟《くれぐし》』（八坂書房）という亘理俊次さんの労作を見つけた。

芝棟とは草ぶき屋根に「植物を植え、根を張らせて棟の固めとする手法の総称」で、中部地方から関東、東北にかけて分布し、イチハツを植えるのもその一つだという。

多いのは芝を土ごとはいで棟に並べ、根が張って一連なりになるのを待つ方法だが、そこに根茎で旺盛に増殖する植物を植える方法もあった。

使われたのは、おもにユリ科のユリ類、カンゾウ類、ギボウシ類、アマドコロ、ニラやシダ類のイワヒバやベンケイソウ科のツメレンゲやイワレンゲなどであるが、中でもイチハツは乾燥に強く、二年続きの日照りの年に、一緒に植えられた他の草が枯れた中でも残ったとあった。

またイチハツにマンネンソウの別名があるのも、深津正著『植物和名の語源』には、屋根に植えた葉が枯れても毎年芽をだすほど強いという点からきているのだろうとある。

原産地は中国中西部とビルマ北部。日本への渡来は十七世紀に出た『花壇綱目』に、十六世紀中頃とあり、屋根に植えた記録としては十八世紀の『大和本草』が最初だそうである。

このイチハツを屋根に植える技術が中国伝来か日本で開発されたのかは、知らない。でもとにかくそんな能力を発見した先人たちの眼力はたいしたものである。

そしてテレビを見ていたとき思った。「これはかなりのブラックユーモアかも」と。

だって石油や原子力に依存したハイテク社会の「熱のゴミ処理」を、植物の生理に頼ったローテクで解決せざるをえないというんだもの。

でも考えたら、最近流行語となっている「循環的生産＝生活システム」のテクノロジーでは、江戸時代の人のほうがずっと先人である。

芝棟の直接的目的は棟の強化であるが、葉の蒸散作用によって熱気も排出していたにちがいない。するとビルの屋上に植物を植えるのは、まさに温故知新である。

だがテレビで放送していた研究は、ひたすら平米当りの植えつけとメンテナンスのコストが低く、かつ機能の優れた植物の選抜と栽培法を探るというものだった。そして今後は何千億の市場になるかもしれないとも言っていた。

その点から考えれば、イチハツのように観賞に耐える美しい植物を選ぶという、「工学と美学の統一」なんて高尚な発想とはおよそ縁遠い。

ビルの屋根ごとに、イチハツ、オニユリ、ノカンゾウ、はたまたギボシの花畑。そしてめぐりくる季節ごとにの花見、なんてやり方こそ、人殺しの道具の刀にまで美しい彫金で飾り立てた、この国の文化の伝統だと思うけど、その点は温故知新とはいかないのが、いかにも貧しい。

コウホネ

三種類の葉をだす

コウホネ　スイレン科、コウホネ属の多年草。分布は北海道～九州。湖沼、ため池、河川、水路などに群生する。花期は六～九月で、花は三～五センチで黄色。これはガクで花弁はその内部の幅の広い雄しべ状のもの。埋立、コンクリート護岸によって全国的に減っている。

「河骨の二もと咲くや雨の中」　蕪村

この句は梅雨の雨にうたれる姿。葉を傘、花をその下の寄り添う二人に見立てたのだろう。

ただしコウホネの葉については、若干の説明がいる。コウホネの葉は異形葉性といい、形の異なった三種類の葉を出すからだ。

この句の葉はハスと同じく水上につき出る葉で、抽上葉または挺水葉と呼ばれ、水深が浅くて水の流れのない場所や流れのゆるやかな場所で出る。

コウホネの葉として一般に知られているのはこの葉で、家紋の河骨紋にデザイン化されているのもこれである。なお日本のコウホネ属四種のうちで、コウホネだけにこの葉がある。

二つ目は浮葉と呼ばれる水面に浮かぶ葉で、これはハスにもあるが、水深の深い所で出る。

三つ目は沈水葉と呼ばれる葉。これは水中に出る葉で、緑もうすく葉のふちが波打っている。

じつは私も、この沈水葉の存在は長い間知らなかった。と言うのは、私の知っていた生育地は平野の水のわりと濁った溜め池で、水の中など見えなかったからだ。

知ったのは、福井県敦賀近くの湿原から流れ出ている清流の中である。

水上に金色の花だけ並んだ不思議な光景。近寄って水の中をのぞいてみたら、澄んだ速い流れの中に、まるで海藻のアオサのように沈水葉がゆれていた。

次の句も、たぶんそんな光景を詠んだものだろう。

「河骨の金鈴ふるふ流れかな」　川端茅舎
そしてその時は、川の流れが速すぎるときにはコウホネは沈水葉だけを出すのかしら、なんて思った。ところが翌年真夏に訪れると、一部で浮葉が出ていた。前年は梅雨の最中のため水量が多く、浮葉は流されてしまったのだろう、と気が付いた。ただし中央の流れのはやい場所では、あいかわらず沈水葉だけしか出ていなかった。

水深や水流の変化に対応して、三種類の葉を巧みに使い分けているわけだ。

ところでこの三種の葉、形もちがうが、光合成のパターンも異なるのだという。

水面に出るタイプの挺水葉や浮葉は光が強くなるとともに生産力が上がる陽樹タイプなのに、沈水葉は光が強すぎると生産力の落ちる陰樹タイプなのだそうである。

不思議なのは、葉の出方の仕組み。

どのタイプの葉になるかは、水中での発生の過程ですでに決まっているはず。するとコウホネは水の深さをどうして知るのだろう？　光の強さがセンサーなら、澄んだところと濁ったところでは、かなり違うはずである。

名はカワホネ（河骨）のなまったもので、白く長い根茎を白骨に見立てたものとされている。

でも、なぜこんな名が付けられたのだろう。

理由は根茎が食用にされていたためで、青葉高著『野菜の日本史』によると、天平時代の正倉院文書や平安時代の『延喜式』の大膳の巻にも食品として載っているとある。

また平安時代の『本草和名』では菜の項に、さらに『和名抄』では水菜の一つとして挙げられている。どうやら若芽も利用していたようである。

でも今の感覚からすれば、骨に似ているからといって、それを食べ物の名にするだろうか。

これは肉食の盛んだった時代の名残なのだろうか。それとも行き倒れの人の白骨がどこにも転がっていたからなのだろうか。どちらにしても、人骨についての古代人の感覚は私たちよりは骨太のようである。

もっとも落語の『野ざらし』を考えれば、江戸時代の人もわりと平気だったようではある。

ネムノキ

花は夜開く

ネムノキ　マメ科、ネムノキ属の落葉高木。分布は本州〜九州、琉球、中国、東南アジアに広く分布する。花期は七〜八月。花は二型で、花序の先端に着く頂生花は一〜二個あり、無柄で花冠は長く、雄しべは半分位まで合着する。葉は乾燥すると独特の香りがするため、粉にし抹香に入れられる。

小学校で葉が夜になると閉じる就眠運動というのを習った時、ネムノキというのは葉を夜閉じるからそんな名がついたのだと教わった。

近所の原っぱに、なぜかネムノキが一本あった。その夜、友人と懐中電灯を持って出かけた。ただし戦後のこと、自転車用の四角形のそれである。

確かに葉はたたまれ眠っていた。だけどそれより印象に残ったのは、光の輪に浮きあがった花だった。昼間見るのとは、まるで別物のように見えた。

以来落語の『目黒の秋刀魚』じゃないけれど、「ネムの花は懐中電灯で夜見るにかぎる」というのが私の思い込みとなった。

だがじつは、昼間と印象が異なるのは当然なのである。

この花は、万葉集にも「昼は咲き夜は恋ひ寝る合歓の花」（紀女郎、一四六一）と詠まれているように夜咲く花。だからその頃が、最も力にあふれている。

花はふつうのマメ科の花とは異なり、花弁もガクも緑色で小さく、赤く目だつのは雄しべ。その雄しべはつぼみの中では糸くずのように折りたたまれ、驚くほど赤が濃い。それは花糸の先端ほど濃くなるぼかしになっているためだ。だから花が開き花糸がぴんと完全に伸びると、色は淡くなりネムノキの花特有の柔らかい色調になる。そしてほのかに甘い香りが流れです。

それを目当てに蛾がやってくる。葉は眠り、花は目覚める。薄暮の中の開花のドラマである。

ネムノキの花と言えば、『奥の細道』の次の句。

「象潟や雨に西施がねぶの花」　芭蕉
万葉の歌を除けば、この花は詩歌には登場しない。それを再び詩歌の素材にしたのは、芭蕉の手柄である。でもよく考えたら、雨とネムの花は食い合せ。雨滴がつけば、重みで花糸はぐったり、死んで転がった猫の毛のようになる。おそらくこの句は実景を詠んだものではなく、花のイメージに雨と西施を重ねたものだろう。

なにはともあれ私は断固として主張したい。ネムノキの花は、晴れた夜に、懐中電灯で照らして見るにかぎると。

ヤマユリ

植物学者に刻まれた地方異変

ヤマユリ　ユリ科、ユリ属の多年草。近畿以北本州に分布する日本特産種。ただし北陸地方にはない。花期は七～八月、花弁は白く、内側に黄色い筋があり、赤茶色の斑点がつく。鱗茎を百合根として食用にするため、料理ユリの名もある。

『日本の野生植物Ⅰ』のヤマユリの解説には「東北～近畿にはふつうであるが」とある。だがこの記述はどうだろう。なぜなら近畿では特定の地域でしか見られないからだ。

おそらくこの筆者は東日本をフィールドにしてきたため、その印象が意識下で作用し、こんな記述になったのだろう。あるいはヤマユリの別名に叡山ユリや吉野ユリというのがあることも作用しているかもしれない。

だけど比叡や吉野のヤマユリも、その地方のどこでも見られるというのではなく、わりと狭い地域にしか見られない。しかもその生育地は山岳宗教と縁のあるところが多い。それらには栽培品が野生化したものが、かなり混じっている感じがする。

とにかく近畿地方をフィールドにする人間には、「ふつうである」は実感と合わない。植物に地方異変があるように、学者にもそれがあるようだ。

万葉集にはユリを詠んだ歌が十首あるが、それらが一首を除いてササユリだとされているのも、そんな近畿におけるユリの分布からきている。同様にそのたった一首がヤマユリを詠んだものとされるのも、筑波山という生育地からきている。

「筑波ねの／さゆる（百合）の花のゆとこ（夜床）にも／愛（かな）しけ妹ぞ昼も愛しけ」　大舎人部千文（防人の歌、四一一六）

夜も昼も愛の交歓をということだが、なんとストレートな表現だろう。ヤマユリの派手な色彩と濃厚な香りが、豊かなエロスのイメージを呼び起こしたにちがいない。

ところで現在ユリと言えば、清純とか清楚とかいうイメージが流通している。だがこれは明治以後キリスト教の「聖母の百合」のイメージが持ち込まれたのによる。

だからそんなイメージとは無縁な一茶には、こんな句がある。

「我見ても久しき蟾《ひき》や百合の花」

ヤマユリの花弁の内側の赤茶色のつぶつぶの斑点から、ヒキガエルの皮膚の表面のぶつぶつを連想したのだろう。既成のイメージにとらわれずに見れば、防人の歌と同様こうなる。

それはそうと、かって普通種だった関東地方のヤマユリも、最近はめっきり減ったそうな。

シシンラン

花は蝶の食草

シシンラン　イワタバコ科、シシンラン属の常緑の着生植物。分布は伊豆半島および京都府以西の本州、四国、九州、琉球。台湾、フィリッピン。花期は八〜十月、ふつう白色だが淡紅色を帯びるものもあり、まばらに多数つける。

一九九七年二月の新聞に、環境庁が国内希少種指定のゴイシツバメシジミというシジミチョウの保護のため、シシンランの増殖計画を立てていると載っていた。

このチョウは熊本県と宮崎県にだけ分布し、幼虫はシシンランの花を食草とする。そのシシンランが激減したため、絶滅が危惧されるようになったからだという。

チョウの幼虫の食草では葉が圧倒的に多い。だが中には花や果実を食べる種類もある。比べると葉のほうが断然有利に思えるが、じつはそう単純でもない。食べる植物の生育密度によるからだ。

例えば、近縁のクロツバメシジミはツメレンゲやイワレンゲの葉を食草にするが、これらの草の生育地は少ない。他方同じく近縁のツバメシジミは花を食べるが、数種のマメ科の花を食草とし、クローバーの花も食べる。となると、分布も量も圧倒的にこちらのほうが多い。

ゴイシツバメシジミの場合は、食草のシシンランも希少種。だからもともと極めて危ない生活を送ってきたようにみえる。

だがこれもそう簡単には言えない。もともと日本列島の西南暖地は照葉樹林の自然林におおわれていたからだ。その中では、絶対量は少なくともシシンランの生育はそれなりに安定していた。だからこそゴイシツバメシジミは今まで生き続けてこられたのである。

シシンランが減ったのは、照葉樹林が切られシシンランが着生するような大きな木が減ってしまったからである。

ただしシシンランを殖やすことはわりと簡単、挿し木でよく殖える。だからそれを幼虫の食草にすることは可能である。だけどそれはあくまで緊急避難にしかすぎない。その意味では、自生シシンランの復元という計画が背後になければ、それはカブトムシやクワガタの養殖と変わらない。そのためには、さらに大きな照葉樹林の復元計画が必要となる。

その点で環境庁の計画はどうなのか。

残念ながら日本の新聞にそこまで掘り下げた記事が載ることはない。自然・環境の時代といいながら、新聞はそれを批評できる体制も能力の養成もしてこなかったため、この種の「美談」は当局発表を鵜呑みに載せることしかできないからである。

タケニグサ

伐採跡地にまず生える

タケニグサ（チャンパギク） ケシ科、タケニグサ属の多年草。花期は七〜八月。花弁はなく、ガク片は二枚あるが、開花すると散り落ちる。開花時に目立つのは雄しべ。果実は秋、オパールのような色でなかなか美しい。毒草で、しぼり汁を害虫駆除または便所に入れ蛆退治に用いた。

「白南風《しらはえ》の暑き日でりの竹煮草／粉にふきいでて／いきれぬるかな」　北原白秋

この歌はタケニグサの特徴を見事にとらえている。

白南風は九州の漁民言葉からきていて、梅雨明けまたは八月の昼間に吹く南風のこと。「草いきれ」だとか「人いきれ」だとか複合語では使われるが、語感の悪い「いきれぬる」という表現をあえて使いたくなる真夏にタケニグサは咲く。

つぎに「日でり」。この草は崩壊地や開発でできた裸地にまず進出してくるパイオニア・プラントで、他の草や木が生え暗くなると消えてしまう性格がある。それを柳田国男は『野草雑記』の中で、こう書いている。「たとえば植民地の最初の自然移民などのように、ここしばらくの盛りを息ずく」と。つまり単に日照りの場所に生えているというのではなく、日照りの場所にしか生えられない草だということだ。

さらに「粉にふきいでて」。これは葉の裏の表現。白南風が吹き抜ける。タケニグサの葉がひるがえる。強い陽射しがあたり、葉の裏が一瞬粉をふいたように白く輝く。それが「いきれぬる」暑さを視覚のうえでも定着する。

昔は新しく開かれた林道などでは、まずこれが進出してきた。でも最近は帰化植物が進出するためか、昔ほどは目立たない。それでも時には、谷の斜面に林立した光景がみられる。それを見ると、数年前に山崩れが起きた跡だと推察できる。

語源については、はっきりしない。白秋は竹煮草と記すが、これはこれを加えてタケを煮ると柔らかくなり細工しやすくなるという説からきている。だけど竹似草とも書かれる。

おもしろいのはボーボーカラやボーボーグサという別名。これは秋に枯れた頃、茎で子どもたちが笛を作って遊んだのに由来するという。漢名の博落廻も、唐時代の『酉陽雑俎《ゆうようざっそ》』によると、「茎は中空、吹きて声を作る」とあるように、笛にしたのに由来するという。

折ると茎から黄色い汁が出て、いやな匂いがするため日本では嫌われる。ところが欧米では園芸植物としてわりと栽培されていて、カタログなどでも「葉の裏がシルバーに輝く」なんて賛辞が与えられている。

ツチアケビ

ナラタケ菌と共生それとも寄生

ツチアケビ　ラン科、ツチアケビ属の無葉腐生植物。落葉樹林の下またはササ原に生える。花期は六～七月。明るい黄褐色で暗い林の下ではよく目立つ。果実は秋に赤く熟し、エナメルを塗ったように輝き、中に極めて小さい種子が大量にできる。

ラン科には変わった花があるが、ツチアケビはその代表。この花や実が地面からにょきにょき生えているのを初めて見たら、ぎょっとする。

名は土から生えるアケビだが、外見はアケビに似ていない。そこで以前試しにかじってみたら、バナナのような香りがし、味はねっとり甘かった。そんな名があるのは、もしかしたら昔の子供たちがおやつ替わりに食べたからかも知れない。

葉緑素は全くない。葉は退化し、茎のもとに痕跡的に鱗片のようなものが残っているだけ。ではその栄養分はどうしているのだろう、と調べてみた。

するとナラタケの菌糸を吸収して生活しているのだという。ただしキノコにとりついているわけではない。キノコは生殖器官で、ふだんのナラタケ菌はおもに腐木に菌糸がとりつき、それを分解して生活している。その菌糸がツチアケビの根に入ったのを吸収しているのだという。

そこで試しにツチアケビの下を少しスコップで掘ってみた。するとかなりの菌の固まりが埋まっているようだった。

ラン科植物はもともと菌類とは関係が深く、ラン菌と呼ばれる菌と共生しているとされている。とくに発芽時には、ラン菌の菌糸の栄養分を得ないと成長できないそうだ。これは種子が極端に小さく栄養分がほとんどゼロだからである。

さらにその後も根に菌根菌が共生し、それを吸収し栄養分の一部にしているのだという。ツチアケビは、言わばそれを極端化したようなもので一切自分では生産しない。だから花も実もコストパフォーマンスを無視して大きなものをつける。これは人民を収奪して生きる王侯貴族と同じようなものかもしれない。

つまり収奪されるヒラタケ菌の立場から言えば、いかれっぱなしということになる。なのに不思議なことに、ナラタケ菌の菌糸は誘われるように発芽したツチアケビの根に侵入していくのだそうだ。ただしこのあたりの仕組みは、まだよく判っていないという。

理屈のうえでは、ツチアケビは自らは何も生産しないから、与えるものは何もないはず。ひょっとしたら、麻薬のようなものを与えているのだろうか。

ウド

柱にゃならぬ理由

ウド　ウコギ科、タラノキ属の多年草。分布は北海道〜沖縄。朝鮮半島、中国。花は晩夏、果実は秋に熟し黒色で多汁。市場で山ウドとして売られているものも栽培のものも種としては同じ。品種としては春ウドと寒ウドがあり、春ウドは冬の低温期を経過しないと休眠がとけ芽が出ない。

花の少ない季節、ウドの白い薬玉のような姿はわりとよく目立つ。

ある観察会で、初参加の人に「何ですか?」とたずねたら、考え込んだ。すると横から「ウドの大木、柱にゃならぬ」と声がかかった。

見ばえは立派だが見かけ倒し、という意味。でもこれは姿を知っていればこそ、ぴんとくる。ときに三メートルを越え、茎も太い。でも草なので茎は簡単に折れる。

木が硬いのは、セルロースで作られた木部の細胞壁をリグニンという高分子化合物が包んでいるからである。イメージ的に言うと、細胞壁というブロックをリグニンというモルタルで固めたということになる。ところが草にはリグニンが少ない。だからいくら太くなろうとも簡単に折れる。それが「柱にゃならぬ」と言われる所以である。

またウドは伐採地や新たに裸地になった所に、まず進出してくるパイオニア植物。周囲には草も少ないため、目立つということもある。

だから春に食べる芽しか知らない人を驚かせるわけだ。

ウドはワサビやフキやセリなどとともに数少ない日本原産の野菜。古くは『出雲風土記』に「つちたら」の名で登場する。ただしこの時代は薬用として載せられている。

おもしろいのは、『梁塵秘抄』の「聖の好むもの」を列挙した歌に、「……ゴボウ、カワホネ、ウド、ワラビ……」とあることだ。この聖は行者や修験者のこと。当時は精力のつく一種のスタミナ食としてイメージされていたようである。

栽培は江戸時代初期にはじまったとされている。すると次の句のウドは詩歌のモチーフとしては、モダンなものだったということになる。

「雪間より薄紫の芽独活《うど》かな」　芭蕉

またこの句の薄紫が、雪の白だけではなく、市場で売られているウドの白に対置されたものとすれば、すでに軟白栽培も広がっていたということになる。

ところで確かにウドの大木は「柱にゃならぬ」が、大きく成長したウドが無用というわけではない。花やツボミをテンプラにすると案外うまい。

ススキ
風をふくむ穂

ススキ（カヤ、尾花）イネ科、ススキ属の多年草。日本全土の日当りのよい山野に生える。かっては、家畜の飼料用や俵やござ用または屋根葺き用にカヤ草原が維持され、それが日本の草原植物の生息地となっていた。

ススキ原に寝ころんだ。ザワワ、ザワワ、ザワワと葉音が走る。右かと思えばまた左。速度もアダージョから突然アレグロへ。止まったかと思えば、急に駆けだす。

「高円の尾花吹き越す秋風に／紐解き開けな／ただならずとも」　大伴池主（万葉集四二九五番）

「わが恋は尾花吹き越す秋風の／音には立てじ／身にはしむとも」　源通能（千載集）

後者は前者の本歌取りだが、歌から受ける印象はまるでちがう。

池主の歌の意味は「秋風に向かい下着の紐を解こうよ、直接でなくっても」ということ。これは宴会のざれ歌だろうが、下着の紐だから当然エロチックな内容。

この歌を初めて読んだ時、どこか違和感があった。この歌の秋風はなんだか、なま暖かい。ではこのイメージはどこからきたのだろう。そう考えたら頭に浮かんだのは、穂の手触りだ。ススキの穂は風で種子を散布するため、毛が空気を含む構造になっている。だから同じく空気を含む構造のミンクの毛とどこか手触りが似ている。

尾花を越えた風はその手触りも運んできた、ということにちがいない。さらにその手触りを女性の肌触りに重ねて、下着の紐を解こうよ、と歌ったのだろう。

そこで私の邪推。池主はきっとススキの穂をしとねにした体験があるにちがいない。イギリス民謡の「誰かさんと誰かさんと麦畑」の世界である。ススキの花も、咲きはじめから枯れススキまで段階がある。池主の尾花は咲きはじめの印象だろう。

そう言えば、ずっと昔読んだ滝口雅子の詩にもこんなのがあった。

「すすきを分けてきた風が／頬をさし出して／接吻した／ひとを愛して／愛したことは忘れてしまった」（「秋の接吻」、詩集『窓ひらく』）

またススキの若穂のころは、風もまだ夏の暑さと、ない混ぜになっている。

「父のごと秋はいかめし／母のごと秋はなつかし／家持たぬ児に」　　石川啄木

秋に抱くアンビヴァレント（両義的）な思いである。でも考えれば当り前。秋は夏とも地続きだ。とまれ、池主の歌にはステロタイプ化される以前の皮膚感覚が生きている。

また風が通りすぎる。ソヨヨ、ソヨヨと産毛をなでて。

マツムシソウ

ゲレンデは花の墓場

マツムシソウ　マツムシソウ科、マツムシソウ属の二年草。分布は北海道〜九州。かっては山地の草原にふつうに生育していたというが、低山地では草原の減少によってほとんど見られなくなった。高山にはタカネマツムシソウがある。

滋賀県の比良山のスキー場のゲレンデに花盛り。色はブルーベリーのアイスクリーム。私の好きなのは咲きはじめ。これはキク科と同じ頭状花。外側を大きな小花がとりまき、それが一つずつ順番に開いていく。この小花は五裂し外側の三片が長く伸び、それはまるで小人の手足。そのため小花が数個開いた時は、小人が手をつないで並んだよう。子供のころ大阪と奈良の境の生駒山の山頂ではじめて見たとき以来、ファンなってしまった。

名については、牧野富太郎は「松虫草だろうが、詳細は不明」と書いている。これは私の思いつきだが、植物名にはアリドオシ（蟻通）、フタリシズカ（二人静）、テイカカヅラ（定家葛）など、能の題に由来するものが多い。これも「松虫」に由来するのかもしれない。

ところで今回訪れたスキー場では、マツムシソウは一度消えた。少ない積雪でも滑れるように、ブルドーザーでゲレンデを平らにしたためである。

ところが数年後、再び生えてきた。生存者がいたのだ。これは二年草、だから繁殖速度は案外早いようである。跡地には牧草をまいて一応の緑化をするのだが、自然草原ほどは草が密集しない。マツムシソウにはそれが適していたのだろう。ただし他の花は戻ってこない。

草原の復元は、森林に比べればまだ容易。表土の一部を保管し、工事後それを戻せば、それなりに復元するという実験例もある。もちろんそれにはコストがかかる。だからどこでも牧草の種子をまいた見せかけの「緑化」で、ごまかしてきた。

バブル時代、リゾート法によって全国でやたらスキー場が造成された。すでにパンクしたところも多いそうだが、その時どれだけの草木が消えたのだろう。だけどその正確な記録はアウシュビィツや南京事件と同じく残されてはいない。

「朝焼け小焼けだ大漁だ……浜は祭りのようだけど／海の中では何万の／イワシのとむらいするだろう」　金子みすゞ
ゲレンデは赤、青、黄色と、ブランド物のスキーウェアーの花盛り。ホテルではアフタースキーで大騒ぎ。雪の下では、何万の草たちの墓が並んでる。そんな想像力を今どきのスキーヤーに求めるのは、たぶん無いものねだり。ひとり野辺送りの歌を歌おう。

カナムグラ

嫌われる草の代表

カナムグラ　クワ科、カラハナソウ属の雌雄異株の一年草つる植物。ビールに用いるホップと同属。分布は北海道〜九州・奄美大島。東アジアの暖帯から亜熱帯に広く生育。欧米では斑入りの園芸品種が栽培されている。

園芸雑誌に好きな植物ベストテンなんてのがたまに載る。その伝で、もし嫌いな植物ベストテンを選べば、必ず登場しそうなのがカナムグラである。人里近くに生え、憎まれっ子世にはばかるを地でいって、やたらはびこる。

ところで、古典文芸には屋敷の荒廃をあらわすシンボルとして、ムグラやヤエムグラがよく登場する。『万葉集』には「ムグラはういやしき宿も大君の座《いま》さむと知らば玉敷かましを」（橘諸兄、四二七〇）とあり、『源氏物語』の桐壺邸の描写にも「野分けにいとど荒れたる心地して、月影ばかりぞ、八重むぐらにも触らず、さし入りたる」とある。

これらのムグラやヤエムグラは特定の植物を指すのではないという説もあるが、登場するのはほとんどが秋。だからカナムグラを指すという説も有力である。

桐壺邸の八重むぐらも野分けの季節、現在のヤエムグラはその頃にはもう枯れている。また「八重むぐらにも触らず」とあるから痛いほどのトゲのある草。これもカナムグラと合う。

カナムグラはこのように古来嫌われてきた。

でも私はこの花が好きだ。とくに好きなのは雌花。苞が赤紫に色づくタイプは、秋の深まりとともに冴え、はっとするほど美しいことがある。他方、雄花は風媒花なので量も多く、花茎は花粉を飛ばすために上向きに立ち上がる。その枝にぶらさがった黄色い葯は、秋田の竿灯。

また春の芽生えもおもしろい。二枚の子葉がヘリコプターの翼とそっくり。そこで庭にまいた知人がいる。気がついた時には後のまつり。退治したら手と腕が鮮血淋漓《りんり》とあいなったという。

この子葉のけったいなのは、種子の中での収まりかた。ふつう子葉は折りたたまれて収まっているのに、これはラセンに巻いて貝殻のような形になったまま収まっている。

確かに兼好流に言えば「家にありたき草」ではない。だから自由に切り放題。誰からもいちゃもんはつけられない。

生けるなら色付きの清涼飲料や化粧品のガラス瓶、またはざっくり編んだ篭。ときには逆をいってウェッジウッドのコーヒーカップ。

私がいつも生けるのは、祖父の作った輪違い編みの籐の唐物篭。

ナンキンハゼ

世界遺産に進出

奈良公園の飛火野から世界遺産の春日奥山原生林に向かって歩いていると、飛火野の芝草原の端に並んだ木が河内山宗俊のせりふじゃないが、「まことに意外の御血色」。近ずくと、ナンキンハゼの紅葉だった。

これは街路樹が起源で、この木が奈良公園に多いのは、鹿のせいだとされている。奈良公園の鹿の密度は異常に高い。そのため発芽した苗はすぐ食われてしまう。だが鹿はこれを食わない。よって増えたというわけだ。この関係はわりと前から知られていて生態学の本などにも載っているが、一層それが進行してきているようである。

ナンキンハゼ　トウダイグサ科、シラキ属の落葉高木。原産地は中国大陸中南部の暖帯から亜熱帯。ナンキン（南京）はそれに由来し、日本には江戸時代に導入。種子をしぼって油脂をとるため、暖地に植えられ、九州の一部では野生化しているという。排気ガスに強いため街路樹に増えている。

そう説明し、だけど「この木は発芽にも成長にも陽光が必要。だから常緑樹中心の原生林の中には進出できません」と言いつつ、原生林にもぐりこんだ。

ところが「とんだところにナンキンハゼ」。倒木の跡などに、すでに進出していた。

近年、各地の山中でもナンキンハゼを時々みかける。これはヒヨドリやキジバトのように都市環境に適応した鳥が出現し、市街地と山を往復し種子を運ぶようになったからだという。たぶん春日原生林の中の苗もそれによるのだろう。

さらに驚いたのは、原生林の下草類が貧弱になり、鹿の食わないイズセンリョウなどが、やたら増えていたことだ。

公園の鹿の頭数はコントロールされているという。だが周辺は住宅地などの開発が進み、鹿の食料の供給地は激減している。そのため集中的に原生林を利用しだしたようだ。

春日奥山原生林が世界遺産に指定されたのは、ネパールから東南アジア高地、中国大陸、日本列島に分布する照葉樹林の典型としてである。

照葉樹林の生える地域は人口密度が高く、さらに第二次大戦後の開発によって、大陸部でもまとまった森林はほとんど失われてしまった。なのにそれが先進工業国の都市の身近に残っているというのが、評価された要因だとされている。

この点について、中国歴史学の内藤湖南は、昭和二年の「日本風景観」(『日本分化史研究・下』講談社学術文庫)に、すでにこんなふうに書いている。

天然林の美観は「シナとかヨーロッパのごとく早く森林を荒らしつくした国においては、よほど僻遠の地でなければ」見られないが、「日本では古い社寺の関係から長く神聖な地域として保護せられた」ために、春日の杜《もり》や京都下鴨の糺《ただす》の森などに保存されている、と。

湖南は日本の森の価値とそれを守ってきた日本人の自然信仰の意義を、世界史的な視野から位置づけているわけだ。そしてこうもつけ加えている。「これらは最近において、……急速度をもって荒廃につかんとしていることはもっとも惜しむべきこと」と。

春日の森にこれ以上ナンキンハゼを入り込ませ、鹿による下草の食害を放置すれば、原生林としての生態系がくずれ、原生林としては見かけだおしになる。

この国の為政者たちは、このあたりのことをどう考えているのかしら。

ところが、奈良県は原生林の生態系を守るために設定されたバッファーゾーン（緩衝地帯）に、治水ダムを建設するのだという。おそらく世界遺産の指定を、観光客集めの看板程度にしか考えていないのだろう。

もちろん自由主義の世、それも自由である。だけど知っておいたほうがいいことはある。トキの絶滅や愛知万博に続いて、再び世界の恥さらしになる覚悟がいるということだ。

もっとも国際貢献とは、「地球温暖化に関する京都議定書」すら足蹴にしたアメリカに追随することと考えているこの国に、内藤湖南のような世界史的視野を持てというほうが無理ということかもしれないけれど。

参考にした本

▼図鑑と事典・辞典類

『牧野新日本植物図鑑』 牧野富太郎 北隆館
『日本の野生植物』 草本Ⅰ〜Ⅲ、木本Ⅰ〜Ⅱ、シダ 平凡社
『原色日本植物図鑑』 北村他著 草本Ⅰ〜Ⅲ、木本Ⅰ〜Ⅱ 保育社
『日本水草図鑑』 角野康郎 文一総合出版
『中国高等植物図鑑』 1〜5 中国科学院北京植物研究所編 科学出版社
『世界有用植物事典』 掘田他編 平凡社
『和歌植物表現辞典』 平田喜信・身崎壽 東京堂出版
『最新俳句歳時記』 山本健吉 文藝春秋
『四季の花事典』 麓次郎 八坂書房
『野菜・山菜博物事典』 草川俊 東京堂出版
『有用草木事典』 草川俊 東京堂出版
『図解植物観察事典』 室井他著 地人書館
『いけばな植物事典』 小原豊雲・瀬川弥太郎 小原流出版事業部
『図説草木名彙辞典』 木村陽二郎監修 柏書房
『日本植物方言集（草本類篇）』 日本植物友の会 八坂書房
『古事類苑』 植物篇1〜2 吉川弘文館
『倭名類聚鈔』 正宗敦夫校訂 風間書房
『物類称呼』 越谷吾山 岩波文庫
『日葡辞書』 岩波書店
『岩波古語辞典』 大野・佐竹・前田 岩波書店
『広辞苑』 岩波書店

▼全体を通して参考にした本

『植物の世界』 （週刊朝日百科） 朝日新聞社
『植物の世界』 1〜4 教育社
『フィールドウオッチング』 1〜6 北隆館

『改訂・近畿地方の保護上重要な植物―レッドデータブック近畿2001―』 レッドデータブック近畿研究会
『改訂・日本の絶滅のおそれのある野生生物―レッドデータブック―』 植物I 環境庁自然保護局野生生物課編集 (財)自然環境研究センター
『植物の生活誌』 堀田満編 平凡社
『植物の自然史』 岡田・植田・角野編著 北海道大学図書刊行会
『花の性』 矢原徹一 東京大学出版会
『種子はひろがる』 中西弘樹 平凡社(自然叢書)
『植物の生き残り作戦』 井上健 平凡社(自然叢書)
『英米文学植物民俗誌』 加藤憲市 冨山房
『フランス語博物誌〈植物篇〉』 中平解 八坂書房
『花の履歴書』 湯浅浩史 講談社学術文庫
『植物ことわざ事典』 足田輝一 東京堂出版
『日本年中行事辞典』 鈴木棠三 角川小辞典
『植物と行事』 湯浅浩史 朝日選書
『野菜の日本史』 青葉高 八坂書房
『草木おぼえ書』 宇都宮貞子 読売新聞社
『植物と民俗』 倉田悟 地球社

▼章ごとで参考にした本

【名によせて】

『植物和名語源新考』 深津正 八坂書房
『木の名の由来』 深津正・小林義雄 東選選書
『植物和名の語源』 深津正 八坂書房
『植物和名の語源探求』 深津正 八坂書房
『野生ランおもしろ講座』 高橋勝雄 毎日新聞社
『近江植物歳時記』 滋賀植物同好会編 京都新聞社
『言葉の思想』 田中克彦 NHKブックス
『焼畑のむら』 福井勝義 朝日新聞社

【子どもの遊びによせて】

『野にあそぶ』 斎藤たま 平凡社ライブラリー
『野の民俗―草と子どもたち―』 中田幸平 教養文庫
『野の玩具』 中田幸平 中公新書
『自然と子どもの博物誌』 中田幸平 岳書房
『草花あそび事典』 藤本浩之輔 くもん出版
『新講 わらべ唄風土記』 浅野建二 柳原書店
『日本童謡集』 与田凖一編 岩波文庫

【年中行事によせて】

『江戸川柳の謎解き』 室山源三郎 教養文庫

マ

ヤ

ラ

【ナ】

【ハ】

カ

サ

索　引

太字は項目でとりあげた頁

ア

・著者略歴

柿原申人（かきはらのぶと）

1945年、上海生まれ。大阪の下町に育つ。北海道大学農学部卒。

趣味として山草栽培の過程で、1980年フランスの植物画家ル・ドーテの画集に魅せられ、独学でボタニカルアートを描き始める。1986年第一回の個展を開く。以後毎年または隔年毎に個展を開く。

現在、1994年3月から産経新聞に「草木スケッチ帳」を連載中。梅田産経学園にてボタニカルアートの講師、NHK文化センター大阪教室と㈳大阪自然環境保全協会の自然観察会の講師、自然好きのアマチュアの団体「関西ネイチャークラブ」の編集局。

草木スケッチ帳 II

二〇〇二年二月一六日　初版第一刷発行

◉著者……柿原申人
◉発行者……今東成人
◉発行所……東方出版㈱
〒五四三-〇〇五二　大阪市天王寺区大道一-八-一五
電話〇六（六七七九）九五七一
FAX〇六（六七七九）九五七三
◉印刷所……亜細亜印刷㈱

乱丁・落丁本はおとりかえ致します。ISBN4-88591-757-3

花 はな 華

朝日新聞「声」欄イラスト集

片山治之　可憐なユリ、清楚なアセビなど野の花を季節に応じて掲載したカット集。ダブルトーン168点。**2500円**

やまと花萬葉

犬養孝［監修］
片岡寧豊文・中村明巳写真　奈良萬葉植物園の花々にゆかりの万葉歌を添えて味わう。カラー152点。　**1800円**

日本画茶花事典

塚本洋太郎［監修］
澁川矗画・伊藤宗観解説　繊細な描写の日本画で茶席に生ける花の細部を的確に表現、解説。カラー236点。**14563円**

カラー花図典

シェイクスピアと花

金城盛紀　シェイクスピア作品に登場するすべての植物（全154種）を紹介し各々にこめられた意味を解く。**3689円**

東方出版刊行図書

ヒマラヤの青いケシ
花の絵本①

倉下生代写真・久山敦解説　大阪市鶴見緑地公園の咲くやこの花館で楽しめる楚々とした高山植物69点。　**1200円**

花のほほえみ
花の絵本②

倉下生代写真・久山敦解説　咲くやこの花館で季節を彩る各国のユニークな形の花たち57点の表情を紹介。**1200円**

スイレンと熱帯の花
花の絵本③

倉下生代写真・久山敦解説　数々の熱帯スイレンをはじめとするゴージャスで気品ある熱帯の花小事典。　**1200円**

花あそび

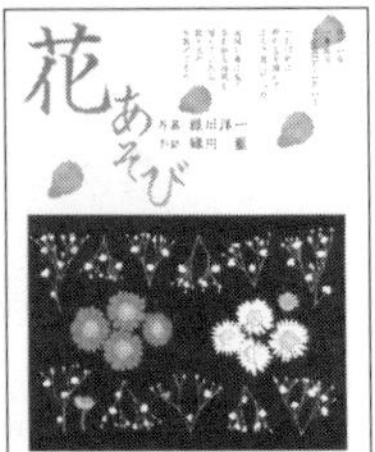

緑川洋一写真・緑川藍お話　野の花や草を摘み並べて遊んだ写真家と孫娘によるコラージュ作品集。　**1600円**

東方出版刊行図書

＊表示の値段は消費税を含まない本体価格です。